前 言/

Foreword

　　本书从社交媒体的视角，基于文本挖掘、时空分析技术，探讨了社交媒体中自卑情绪的语义特征及空间演变特征。首先，构建了自卑情绪语义模型，并将该模型应用于自卑原因的研究中。其次，引入 GIS 空间分析思想，通过语义建模的方法，对自卑情绪语义空间进行二元划分，定量化地提取自卑情绪语义基元，以语义地图的形式进行可视化展示与分析，并利用地理空间统计中的空间自相关方法，挖掘语义基元的关联程度和演化规律。最后，结合签到信息，对自卑情绪的时空演化模式及关联因子进行了探讨。本研究的创新点主要有以下几个方面：

　　(1)通过基于科学计量学的分析方法，分别对社交媒体与健康医疗、自卑相关研究的论文(从国家、机构、知识流动、重要的文献等方面)进行了定量的可视化分析，探讨了相关研究的特点、热点及趋势。研究成果为相关领域的研究者，特别是新涉足该研究领域的研究人员，提供了一个综合的、多视角的可视化科学知识结构总览。

　　(2)针对社交媒体中自卑情绪相关数据的特点，结合自然语言处理技术，构建自卑语义情绪模型，并通过基于语义关联的语义基元提取算法，将该模型应用到社交媒体中自卑情绪的研究中，发现了导致自卑的主要原因，并实现可视化的表达。

　　(3)针对以往社交媒体语义演化研究中，采用语义基元出现频次或共现网络演化模式的方法不能反映连续变化的语义空间演化特征的情况，本研究利用二元划分方法描绘语义基元的特征。并创新性地将 GIS 中的空间自相关分析方法引入社交媒体语义研究，分析自卑情绪语义基元关联程度和时空演化规律，为探索自卑情绪语义特征和时空演化模式提供了一个新的视角。

(4)针对以往自卑情绪相关研究中较少考虑经济、社会及教育等因素的问题，本书综合考虑经济、社会、教育及城市内部各种 POI 等因素，利用尺度推演、空间数据网格化等方法，实现了以上因素在空间单元的关联表达。在此基础上，通过地理加权回归模型探究了经济、社会及教育等因素对自卑情绪的影响，并基于空间网格单元探究了自卑情绪在城市内部的时空分异性和演化特征。

感谢广东省城市空间信息工程重点实验室基金项目(GEMlab-2023003)、自然资源部城市国土资源监测与仿真重点实验室开放基金项目(KF-2022-07-007)、广东省自然科学基金面上项目(2022A1515010117)、广东省社会科学院 2022 年菁英人才计划项目(2022X0039)、国家自然科学基金项目(41901325)对本书的出版提供经费支持。

目 录 / Contents

第 1 章

绪论

1.1　研究背景

1.1.1　社交媒体与大数据

社交媒体(social media)，又称社会媒体或社会性媒体，它通过虚拟社区等形式促进了信息、想法、职业兴趣和其他表达形式的创建和共享。社交媒体的历史可以追溯到 20 世纪 70 年代。1971 年，Arpanet 发出世界上第一封电子邮件。1980 年，新闻组(usenet)让不同的用户通过一些软件阅读电子公告板上的内容，并组成数千个"群"参与讨论。1994 年，斯沃斯莫尔学院(Swarthmore College)的学生 Justin Hall 推出了他的个人网站"Justin's Links from the Underground"并连续更新了 11 年，被认为是最早的博客。2004 年，Facebook 的出现几乎在一夜之间使全球的网民感受到了互联网社交的便捷，人们通过在 Facebook 设立自己的个人主页，在网站上分享自己的心情和生活经验，评论好友的照片文章等。Twitter 于 2006 年诞生，2007 年上线，并迅速成为风靡全球的社交媒体。此后，社交媒体的发展经历了"黄金十年"。在中国，社交媒体的发展同样迅猛，据 2018 年《中国互联网络发展状况统计报告》，截至 2018 年 6 月，中国网民规模达 8.02 亿，中国最大的社交媒体——新浪微博的使用人数超 3.2 亿，日发帖量超过 1 亿。微信朋友圈、QQ 空间的使用率分别为 86.9%、64.7%。根据著名的互联网统计网站 Alexa 发布的信息，2018 年，全球排名前 10 的网站中，有 7 家是社交媒体，分别是 Youtube.com(第 2)、Facebook.com(第 3)、wikipedia.org(第 5)、qq.com(第 7)、Taobao.com(第 8)、Tmall.com(第 9)、twitter.com(第 10)。如今，随着智能手机的普及和可穿戴智能终端的兴起，用户接入互联网的方式更加多样，社交媒体已成为人们生活不可或缺的一部分。

虽然社交媒体的发展如此迅速,但什么是社交媒体、社交媒体的概念是什么,这些问题的答案存在多个版本。不同的公司、学者或研究机构基于各自研究的领域或侧重点,对社交媒体给出了不同的定义。本书总结了几个被广泛接受的社交媒体的定义,如表 1-1 所示。

表 1-1　社交媒体的定义

作者或来源	定义
Antony Mayfield	一种具有参与、公开、交流、对话、社区化、连通等特性,并给予用户极大参与空间的新型在线媒体
Andreas Kaplan 和 Michael Haenlein	一种基于网络技术的,允许用户自由生产、传播、分享和交流的平台
百度百科	互联网上基于用户关系分享意见、见解、经验和观点的工具和平台
Wikipedia	一种以计算机为媒介的交互式技术,通过虚拟社区和网络促进信息、想法、职业兴趣和其他表达形式的创建和共享

通过对表 1-1 的分析,本书认为,社交媒体是通过虚拟社区和互联网促进信息、想法、职业兴趣和其他表达形式的创建和分享的网络平台。有别于传统媒体拥有一套极其严格的准入制度,并由特定人群生产信息、特定渠道(视频媒介或纸质媒介)传播信息、大众被动接收信息的信息传播模式,社交媒体用户只需要根据服务商的要求,通过简单的申请注册,就可以利用版面管理工具,创建属于自己的"媒体"。用户在任何时间、任何地点,都可以相互分享意见、观点和经验。这些数据不仅包含了国家政策、社会经济、教育等信息,还包含了人们的情感、思想以及生活点滴。社交媒体使传统的"自顶向下"的数据传播方式逐渐被上下对流的数据传播方式取代,用户从被动的消息接收者,逐渐变成了信息制造者和传播者。可以说,社交媒体赋予了每个人创造信息、传播信息的权利,使信息生产和传播的主动权得以回归大众。但正是由于以上特征,社交媒体每天都会产生海量的多源、异构、多尺度、多时相、多主题数据(王劲峰等,2006),不便于进行数据管理与共享。而且如今的社交媒体数据,无论是种类还是增长速度,都已超出了传统数据管理系统的承受能力。因此,需要借助"大数据"技术,才能更好地收集、处理、应用如此大规模的数据(蒯希,2016)。

"大数据"是一个研究如何从结构复杂和海量的数据集中提取信息并进行系统分析的技术。当前,新一轮的信息革命正如火如荼地进行,每天都会产生海量的结构化、半结构化,甚至非结构化数据,数据增长的速度超过人类发展历史的任何一个时期(郭华东,2018)。根据国际数据公司的一份报告,2017 年,全球数据和业务分析(BDA)收入已达到 1508 亿美元，相比 2016 年增长了 12%。在不久的将来，这个数字至少会每隔两年增长一倍。《中国大数据发展调查报告（2018 年）》指出，作为世界第二大经济体的中国，2017 年大数据产业规模近5000 亿元人民币，核心产业规模已超过 200 亿元人民币。2020 年中国产生的数据量从 2012 年 13% 的全球占比上升到 20%。如今"大数据"已从最初只关注体积、变化和速度，转变为关注体积、变化、速度数据的准确性（即数据中有多少噪声）和数值。这一转变促使大数据技术成为解决社交媒体数据多源异构、海量、多尺度、多时相、多主题等特征带来的技术性问题的有效手段。可以说，大数据正在改变人类生活和对世界的深层理解，只要有正确的政策引导，大数据将成为各国赢得国际竞争的关键。可以预见，在不久的将来，大数据将成为继领土、领空、领海之后大国博弈的另一重要空间（郭华东，2018）。

1.1.2　大数据与健康医疗

近些年来，随着人们生活水平的提高，健康问题越来越受到人们的重视。大数据的兴起给人们了解和预知自己的健康状况提供了行之有效的新途径。随着互联网的发展，与健康医疗相关的大数据出现了爆炸式增长，医生和患者都是数据的创造者和接受者，这些数据不仅在医疗服务环境中积累，而且广泛存在于诸如移动互联网、各种智能终端以及社交媒体等网络空间中。

大数据分析为改善医疗服务和解决健康医疗领域的问题打开了一个新窗口。许多国家和医疗机构投入了大量资源，成功进行了大量大数据分析，解决了医疗保健中的一些问题，包括减少再住院、提高医疗检查的效率、提升医疗质量等。例如，通过分析患者的住院记录和治疗效果数据，大数据可以帮助医院优化资源配置，减少不必要的住院次数，提高病床的利用效率。此外，通过对大量医疗数据的分析，医生可以发现不同治疗方法的效果，选择最适合患者的治疗方案，提高治疗效果（宋波等，2016）。2013 年，美国制定了大数据研发计划，致力于为生物医学、临床医学等领域提供支持。同年，英国政府斥巨资打造了功能强大的国民医疗服务系统（NHS），通过大数据分析提升医疗服务质量，优化资源配置。欧洲委员会也开发了一款信息扫描工具"MediSys"，用以加强传染病监测和早期发现生物恐怖活动。MediSys 的算法通过分析每天产生的 20000 篇互联网文章，检测突发新闻，并通过 Email 或 SMS 发送给相关人员，以确保相关部门能够及时应对突发事件，保护公众健康。在亚洲，中国于 2015 年提出了"互联网+"战略，并于同年 3 月发布了相关意见草案，旨在通过互联网技术和大数据分析提升医疗服务水平。2016 年，中国的医疗健康机构通过对医疗健康大数据的分析，发现了骨质疏松症、心血管疾病、儿童营养不良等病症的增长趋势及其背后的原因。这些发现可以帮助卫生部门制定更加有效的公共卫生政策和干预措施。例如，通过分析全国范围内的健康数据，卫生部门可以识别出高风险人群，并针对这些人群开展健康教育和采取预防措施，以减少相关疾病的发病率。2018 年，中国发布了《关于促进"互联网+医疗健康"发展的意见》，旨在让更多群众享受优质医疗资源。此意见的发布，标志着中国在"互联网+医疗健康"领域的政策逐步完善，为更多人提供了享受高质量医疗服务的机会。随后，中国国家卫生健康委员会相继出台了一系列配套文件，为"互联网+医疗健康"的发展提供了基础支撑。这些文件涵盖了电子病历、远程医疗、在线咨询等多个方面，为医疗机构和患者提供了更加便捷、高效的服务模式。2023 年，中国国家卫生健康委员会等部门联合发布多项指导意见和标准，推动了电子病历、远程医疗、医疗影像等领域的发展。这些指导意见和标准的出台，为大数据在医疗领域的应用提供了更加明确的方向和规范。例如，通过标准化电子病历的应用，医生可以更全面、准确地了解患者的病史，提升诊断和治疗的准确性；远程医疗的发展，则为偏远地区的患者提供了更多的医疗资源，提高了医疗服务的可及性和公平性。

　　大数据在疾病预防和治疗方面发挥了重要作用，同时为个性化医疗、公共卫生监测、医疗研究等领域带来了深远影响。在个性化医疗方面，通过对患者的基因数据、病史和生活习惯数据进行分析，医生可以制定更加精准的治疗方案，提高治疗效果，减少不良反应。例如，针对某些癌症患者，大数据分析可以帮助医生选择最有效的化疗药物和剂量，提高治疗成功率。在公共卫生监测方面，大数据分析可以实时监测传染病的传播情况，帮助公共卫生部门快速采取应对措施，控制疫情扩散。此外，大数据在医疗研究中的应用也十分广泛。通过对大量医学数据的分析，研究人员可以发现新的疾病机制、药物靶点和治疗方法，加快医学研究的进展。例如，通过分析基因组数据，研究人员可以识别出与某些疾病相关的基因突变，为开发新的基因疗法提供重要依据。同时，通过对临床试验数据的分析，研究人员可以评估新药的安全性和有效性，缩短新药研发周期，降低研发成本。总之，大数据在健康医疗领域的应用为医疗服务的改善和医学研究的推进提供了强有力的支持。随着技术的不断发展，大数据将在更多领域发挥更大作用，推动健康医疗行业的全面进步。云计算、人工智能、物联网等技术的进一步发展，将使大数据在健康医疗领域的应用更加广泛和深入，为人类健康事业带来更多福祉。例如，云计算技术的应用可以提供强大的数据存储和处理能力，使得海量健康数据的分析变得更加高效和精准；人工智能技术的应用可以通过深度学习算法，从复杂的医疗数据中挖掘出有价值的信息，辅助医生进行诊断和治疗；物联网技术的应用可以实现对患者健康状态的实时监测和数据采集，为个性化医疗提供坚实的数据基础。

　　未来，大数据技术在健康医疗领域的创新应用将继续拓展其潜力和价值，推动医疗行业朝着更加智能化、个性化和精准化的方向发展。通过跨领域的合作和技术融合，大数据在健康医疗领域的应用将更加多样化和深层次，从而为全球健康事业的进步贡献更多智慧和力量。在这个过程中，数据隐私和安全问题也需要得到充分重视和解决，以确保大数据技术的健康发展和应用，并为人类健康事业创造更多福祉。

1.1.3　健康医疗与 GIS 分析

地理信息系统(geographic information systems，GIS)，是一个在计算机软件和硬件支持下，结合了地理学、地图学、遥感技术和计算机科学的，旨在获取、存储、操作、分析、管理和显示空间或地理数据的系统。GIS 允许用户创建交互式查询、分析空间信息、编辑地图中的数据等操作，最初由加拿大测量学家 Roger Tomlinson 于 20 世纪 60 年代提出，此后，他又参与了世界上第一个投入实际应用的地理信息系统(CGIS)的研发(RF，1969)。20 世纪 90 年代，随着计算机技术的发展，GIS 的普及接受程度不断提高，其逐渐走进了人们的生活。到 20 世纪末，少数互联网平台对 GIS 数据进行整合和标准化，用户开始能通过互联网查询 GIS 数据(Fu，2010)。

随着计算机的发展，GIS 逐渐结合了复杂的算法、空间分析、地理统计和建模技术，在健康医疗、传染病监测等方面发挥着重要作用，成为预测疾病模式的有力工具(Fletcher-Lartey and Caprarelli，2016)。GIS 利用时空位置作为其他所有信息的关键指标变量，实现健康、人口、环境、地理、经济和社会等数据的关联，使人们能够在不同的地理尺度上评价和量化与健康有关的变量以及环境危险因素之间的关系。GIS 所拥有的制图、空间分析等功能，可用于疾病分布制图、人口地理学描述和建模、空间相关性和异质性分析等，从而揭示疾病的时空特征(胡雪芸等，2015)。Fletcher-Lartey 等(2016)应用 GIS 分析技术对糖尿病做了相关研究。Delaunay 等(2015)探讨了应用地理信息系统可视化分析与工作相关的健康问题的可行性，结果表明，地理信息系统可作为分析职业健康和安全领域的新工具。近年来，GIS 开始被应用于与心理健康相关的研究。Nezhad 等(2011)构建了一个可用于解决心理健康问题的地理信息系统模型，并结合最新的研究成果探索了地理、心理健康、遗传学、政治学、经济学等学科之间的联系，以预测、模拟、管理流行病，监测和控制心理疾病。Walsan 等(2016)指出，将地理信息系统与心理健康信息相结合，能为人们研究心理健康问题提供很多机会。随着技术变得更加人性化，在心理健康领域寻找更多创新应用势在必行。黄祥(2017)将 GIS 应用于大学生心理特征的区域性分析，结果表明，GIS 的引入能帮助人们直观、高效地管理空间数据，挖掘深层次的信息，并能直观有效地展示空间分布规律及时空异质性特征。Nordbø 等(2018)对利用 GIS 方法评估建筑环境因素对少年儿童心理健康状况和参与行为的影响进行了系统的综述，结果表明，地理信息系统可作为城市规划的有效工具。Yang 和 Mu(2015)运用 GIS 方法对 Twitter(著名的社交媒体)用户进行了抑郁症相关研究,并指出,由于以往的研究是通过问卷调查或自我报告的心理健康指标来检测抑郁症的地理分布模式,研究结果可能不够客观,因此需要找到新的诊断方法。而社交媒体作为人们分享活动和感受的平台,可被用于抑郁症的检测、治疗以及地理模式的研究。在此基础上,他们设计了一种基于 GIS 的 Twitter 抑郁用户自动检测和空间模式分析方法,并通过实验验证了该方法的有效性。

从以上分析可以看出,GIS 已广泛应用于健康医疗相关研究,并取得了显著的成果。除了在传染病监测、医疗资源优化配置以及公共卫生政策制定等方面的应用外,GIS 在心理健康研究方面也展现出了巨大的潜力。特别是对社交媒体数据中的抑郁症的研究,GIS 的应用已经证明了其在这一领域的可行性和有效性。研究人员利用 GIS 方法对社交媒体数据进行空间分析,成功识别出了抑郁症患者的高发区域,以及疾病传播和演化的模式。这一成果不仅为心理健康研究提供了新的视角和方法,也为相关政策的制定和实施提供了科学依据。与抑郁相似,自卑也是一种潜意识的、不易被发现的复杂情感,它表现为对自己的怀疑、不确定和软弱。受自卑折磨的人往往会寻求过度补偿,以掩盖内心的不足和不安。而且,如果没有及时正确的引导,这种过度补偿可能会导致极端的行为,甚至对个人的身心健康造成严重损害。有研究表明,自卑情绪与抑郁情绪之间存在密切的联系。自卑可能引发抑郁,而抑郁患者又常常伴随着多种负面情绪,如焦虑、无助和绝望等。这些负面情绪不仅加重了患者的心理负担,也影响了他们的社交功能和日常生活质量。社交媒体作为人们日常生活中不可或缺的一部分,其中蕴含着大量的自卑相关数据。这些数据中不仅包含了丰富的语义信息,还蕴含着时空信息,如用户的地理位置、发布时间等。这些信息对于揭示自卑情绪的时空分异性和演化模式具有重要的研究价值。因此,运用 GIS 方法对社交媒体数据中的自卑相关数据进行分析,有望揭示自卑情绪的时空分布特征、演化模式以及影响因素。这将为心理健康研究提供新的视角和方法,也将为相关政策的制定和实施提供更为精准的科学依据。同时,还将进一步推动 GIS 在心理健康领域的应用和发展。

1.1.4 地理空间与语义空间

在地理学中,地理空间(geographic space)被定义为具有空间参考信息的地理实体或现象的集合,它由一系列客观存在且相互关联的地理实体构成。地理空间是一个相对概念,它主要通过与其他概念的相互联系来展现其意义。地理空间具有多样性、分布性、相关性、可变性、可访问性等特点。其中,多样性指的是地理空间中的各类组成要素在数量、特征、组织等方面的差异性。这些要素可以是自然的，如山脉、河流、气候区；也可以是人文的，如城市、道路、文化区。它们的特征和功能具有显著差异，共同构成了地理空间的丰富多样性。分布性则表征了自然和人文成分在地理空间中的分布模式，而这种分布模式受地质构造、气候条件、社会经济发展等多重因素影响。通过分析这些分布模式，我们可以揭示地理空间中各要素之间的相互作用和影响因素。可变性指的是地理空间中的各类实体的变化特征。地理空间是动态的，地理实体会随着时间的推移发生变化，这种变化可以由自然过程引起，如河流的冲刷和沉积、气候的变化；也可以由人为活动导致，如城市扩展、土地利用变化。理解这些变化特征对于地理空间的管理和规划具有重要意义。可访问性也被称为可达性，指的是地理空间中的实体都有一个绝对位置（如纬度、经度和海拔）或相对位置（如参考面、基准点等）(Jiang and Zheng, 2018)。可访问性在交通规划、物流配送和紧急救援等领域具有重要应用，通过分析地理实体的位置及其可达性，人们可以优化资源配置，提高工作效率。

地理空间中的实体具有位置和关系属性。位置是地理学的基本概念之一，主要用于描述地理实体所在或所占用的地方，它是一组具有空间顺序的元素（点、线、面）集合，集合中的每个元素都代表了一个小尺度的位置。同一个位置的数据可以用多尺度描述，从全球尺度到地方尺度都可以，这种多尺度描述有助于对地理实体进行全面和详细的分析。关系属性则通常指的是空间关系，是空间序列化的基础，它主要包括由物体的几何特征（如形状）引起的关系，如距离、方位、相似性等，这些关系有助于确定地理实体之间的相对位置和相互影响；也包括由物体的几何和非几何属性产生的空间关系，如空间自相关、空间依赖等。空间自相关指的是同一空间中的相邻地理实体在某些属性上具有相似性；空间依赖则指的是地理实体的存在或变化可能依赖于其他地理实体的存在或变化。在空间中，最简单的关系为二元关系。在二元关系下，我们如果能观察到两个实体位置之间的某些相似性，就可以说这两个实体是"相关的"，否则，这两个实体是"不相关的"。如果"相关的"或"不相关的"的确定适用于所有实体对，则该关系是特定二进制关系下"相关的"实体对的子集。这种二元关系在空间分析和地理信息系统中有广泛应用，通过识别和分析地理实体之间的关系，我们可以揭示空间结构和空间过程的内在机制(Smirnov, 2016)。

语义空间是语言意义的空间，它是一组涵盖某一概念领域并相互之间具有某种特定关系的词的集合(Adolfo Paolo 等, 2011)。语义空间的提出源于自然语言研究中所面临的两大问题：词语误匹配（同一含义可以有多种表达方式）和语义模糊性（同一词语可以有多种含义）。在语义空间中，每个概念（或词语）被看作空间中的一个点，概念之间的语义差异用语义距离来表征，两个概念间的语义距离与其联系紧密度成正比。语义空间在自然语言处理（NLP）、信息检索和人工智能等领域有着广泛的应用。通过构建语义空间，我们可以更好地理解和处理自然语言中的复杂语义关系，从而提高机器对人类语言的理解能力。语义空间的构建依赖于大规模的语料库和先进的计算模型，这些模型能够从海量文本数据中自动提取和学习词语之间的语义关系。近年来，随着人工智能技术的飞速发展以及其他新技术、新方法的运用，语义空间研究迎来了新的技术和方法。例如，Google 的 Word2vec 词向量模型，它通过一定的算法重构单词的语境，将每一个单词映射到几十甚至几百维的语义向量空间中，并进行无监督的高效快速训练，使得上下文语境相似的词在语义空间中距离相近，从而实现更细粒度的单词级别的信息提取（Rong，2014）。除了 Word2vec，其他词向量模型如 GloVe（Global Vectors for Word Representation）和 FastText 也在语义空间的构建中发挥了重要作用。GloVe 结合了全局词共现统计信息，生成高质量的词向量表示；FastText 则考虑了词的子词结构，能够更好地处理未登录词和词形变化。这些模型通过大规模的文本数据训练，能够捕捉词语之间的复杂语义关系，使机器对语言的理解更加精准。

语义空间不仅在单词级别的信息提取中发挥着作用，还在句子和段落级别的语义理解中有重要应用。通过将句子或段落表示为高维语义向量，我们可以实现更复杂的语义分析和推理。例如，BERT（bidirectional encoder representations from transformers）模型通过双向训练，捕捉上下文的双向依赖关系，显著提高了文本分类、情感分析和问答系统等任务的性能。语义空间的研究还延伸到了多语言语义表示和跨语言信息检索中。通过构建跨语言的语义空间，我们可以实现不同语言之间的语义对齐和翻译，提高跨语言信息检索的效果。可以说，多语言语义表示的研究对于全球化的信息交流和跨文化的语言理解具有重要意义。总之，语义空间作为一种重要的语义表示方法，通过先进的计算模型和大规模的数据训练，能够有效解决自然语言中的词语误匹配和语义模糊性问题。随着人工智能技术的发展，语义空间的研究和应用将不断深入，为自然语言处理、信息检索和智能系统的发展提供更强大的支持。未来，语义空间的研究将进一步拓展到多模态语义表示和人机交互中，推动智能系统更加自然和高效地理解和处理人类语言。

虽然地理空间和语义空间分属于不同的研究领域，但它们之间存在许多共同特征。地理空间主要涉及地球表面的物理位置和空间关系，语义空间则更多关注语言和概念的关系和结构。在地理空间中，地理实体被表征为位置的集合，其位置可以用地理坐标来表示，不同位置包含不同的信息；而在语义空间中，自然语言处理技术将语义信息映射为高维空间中的语义点，语义点间的差异则通过距离和相对位置来表示。两者都使用空间表示方法来描述实体和概念的位置，通过距离度量来分析关系和模式，并支持多尺度表示。此外，地理空间和语义空间中的实体和概念都会随时间发生变化。在地理空间中，地理实体的位置和特征会因自然和人类活动而发生变化；在语义空间中，词语和概念的语义也会随语言使用和文化变迁而演变。通过结合地理空间和语义空间，我们可以开发出更加智能和全面的信息处理系统，为地理信息科学和自然语言处理的应用开辟新的前景。

1.1.5　自卑心理

自卑是一种复杂的情感，它源于个体对自身的负性认知和态度体验，主要表现为缺乏自尊，对自己的怀疑、不确定和软弱。通常情况下，自卑是潜意识的，会驱使受其折磨的人过度补偿，从而导致惊人的成就或极端的反社会行为（Moritz等，2006）。在心理学中，自卑与特质、潜意识（或无意识）、自我实现等概念一起被用来解释人格，特指由于与心中理想的状态或与他人对比有差距，而产生心理落差，进而导致的绝望、失落、悲伤等负面情绪。

在 Alfred Adler 的自卑理论体系中，自卑被分为两类。一类为原生自卑（primary inferiority feeling），主要源于儿童时期的软弱、无助和对别人的过分依赖，通过与兄弟姐妹或成年人的比较，这种情感会更加强烈。另一类为次生自卑（secondary inferiority feeling），主要来自成年人因渴望达到某个标准或与其他刺激物比较有差距，而产生评价差异，进而导致的主观低落、悲伤等负面心理状态。这种情感通常是负面的，会导致悲观沮丧、无法克服生活中的困难，进而丧失信心（Adler，1931）。此外，其他理论也对自卑心理进行了研究。例如，认知行为理论认为，自卑源于个体对自身的负性认知和错误信念；社会比较理论强调，自卑感来自个体与他人的比较，特别是在社会地位、成就和外貌等方面的比较（Festinger，1954）；现代心理学则认为，自卑是自我情绪体验的一种形式，是个体由于某种生理或心理上的缺陷或其他原因所产生的对自我认识的态度体验，表现为对自己的能力或品质评价过低，轻视自己或看不起自己，担心失去他人的尊重的心理状态（Baumeister，1993）。这些理论为我们理解自卑心理提供了多维度的视角。

在现实生活中，自卑的人常常如同有一道难以逾越的阴影，笼罩在他们的每一个行为和情绪上。他们在面对挑战和机遇时，往往选择退缩或逃避，缺乏迎接新事物的勇气。为了掩盖内心的自卑感，他们可能会通过极端努力或过度追求成就的方式来证明自己，表现为工作狂或对成功的过度渴望，试图用外在的成就来弥补内在的不足。在情绪层面，自卑的人常常感到低落、悲观，他们容易被焦虑、紧张和不安的情绪困扰。对于自己的错误和不足，他们常常感到过度内疚和羞耻，从而陷入自我否定的循环中。在认知层面，自卑的人倾向于低估自己的能力和价值，对他人的批评和负面反馈极为敏感，即使是一句无心之言，也可能在他们心中掀起滔天巨浪。在人际关系中，自卑的人害怕被拒绝和抛弃，因此他们可能表现得过于谨慎或讨好他人，却难以建立深厚的亲密关系。他们常常在人群中保持沉默，害怕自己的言论或行为引起他人的不满或嘲笑。自卑者的身体也常常反映出他们的内心状态。他们可能常常感到肌肉紧绷、头痛、胃痛等身体不适，甚至出现免疫功能失调的情况。这些身体症状进一步加剧了他们的自卑感，使他们更加难以摆脱这个恶性循环。在日常生活中，自卑的人自信心不足，他们回避竞争，害怕失败，做决定时常犹豫不决。他们可能错过许多宝贵的机会，因为他们缺乏相信自己能够成功的勇气。然而，这些表现并非自卑者的全部。每个人都有自己独特的经历和感受，自卑只是他们内心世界的一部分。通过深入了解和关注自卑者的内心世界，我们可以更好地提供适当的干预和支持措施，帮助他们走出自卑的阴影，迎接更加充实和自信的人生。

过往的研究表明，长期自卑的人，大脑皮质长期处于被抑制状态，体内各个器官的生理功能得不到充分的调动，将导致内分泌失调，抗病力下降，生理发生改变，出现各种病症，若没有获得及时并且正确的引导，会造成极其严重的后果。例如，自卑可能导致心理障碍，如抑郁症、焦虑症，甚至引发自残或自杀行为。心理学家认为，自卑的根源在于个体对自身的认知出现了偏差，往往是个体在成长过程中经历了太多的否定和批评，使得他们对自己失去了信心。自卑的形成不仅仅是个人内在因素作用的结果，社会环境也起到了至关重要的作用。在一个竞争激烈、压力巨大的社会中，人们很容易因为未能达到某些社会期望或标准而产生自卑情绪。例如，学业压力、工作压力、社交压力都可能成为自卑的导火索。尤其在当今社交媒体发达的时代，人与人之间的比较更加直观和频繁，容易导致更多的人陷入自卑的困境。社交媒体上的"完美生活"展示，会让很多人感到自己的生活黯然失色，从而产生强烈的自卑感。

然而，自卑并非不可克服的情感障碍。通过正确的心理干预和自我调整，自卑情绪是可以得到有效缓解的。心理咨询和治疗是一种常见且有效的方式，通过与专业的心理医生交流，个体可以深入了解自己自卑的根源，学会正确面对和处理这种情感。此外，培养积极的自我认知，增强自我接纳也是缓解自卑情绪的重要方法。积极的自我暗示、合理的目标设定和逐步实现，都可以帮助个体逐渐建立自信，摆脱自卑的阴影。自卑情绪还可以通过社会支持系统来缓解。家人、朋友、同事的理解和支持，对自卑个体来说尤为重要。一个关爱和理解的环境，可以帮助自卑者感受到被接纳和被重视，从而减少自卑感。此外，参加一些社会活动或兴趣小组，也能帮助自卑个体找到自己的价值，增加自信心。教育系统在预防和干预自卑情绪方面也应发挥积极作用。如学校应注重学生的心理健康教育，帮助学生树立正确的自我认知，培养他们的自信心和抗挫能力；教师在教学过程中，也应注重鼓励和正面评价，避免过度批评和否定，给学生营造一个积极的、支持性的学习环境。

综上所述，自卑是一种复杂的情感，其形成既有个人内在的原因，也有社会环境的影响。尽管自卑会带来许多负面影响，但通过正确的心理干预、自我调整和社会支持，自卑情绪是可以得到缓解和克服的。个体应学会接纳自我，建立积极的自我认知，社会也应提供更多的理解和支持，共同努力，帮助那些深陷自卑困扰的人走出阴影，迎接更美好的生活。

1.2　研究意义

根据 1.1.5 小节的分析，自卑的人若没有被及时发现和接受正确的干预治疗，其后果极其严重。但在现实生活中，未被检测到和获得正确及时的干预治疗的自卑个体非常多。一方面，自卑是潜意识的，自卑的人可能没有意识到自己自卑；另一方面，由于传统的调查研究多采用线上或线下问卷的方式，被调查者出于隐私或其他原因考虑，可能不会如实地填写问卷或寻求面对面的医疗帮助，这给学者们了解和研究自卑带来了困难。

社交媒体给我们了解和研究自卑提供了一个新的视角，由于社交媒体开放和匿名的特征，人们常利用其抒发情感，或与他人进行非面对面的交流，疾病患者也常利用其与病友交流患病经历或分享心得。这些使得学者们利用社交媒体进行疾病相关研究成为可能。早前就有学者尝试利用社交媒体对艾滋病进行了研究，近年的研究表明，社交媒体还可用于研究心理问题，如焦虑、抑郁等（Tian 等，2017；Li 等，2018）。最近的研究表明，社交媒体中有大量自卑个体发布的含有丰富语义信息和空间位置信息的数据，这些数据为我们研究自卑个体的内心活动、自卑原因以及行为特征提供了条件。

基于上述分析，围绕着"自卑"这个主题，本书所涉及的各项研究内容，其意义主要体现在如下几个方面：

（1）在语义层面分析自卑情绪特征。目前，利用社交媒体进行疾病相关研究主要通过线上问卷进行调查或直接将获得的数据抽样，通过人工判读进行评估，对数据中隐藏的语义信息的关注较少。但根据以往的研究，就某一具体的研究主题而言，其主题知识或信息往往是隐含在语义基元背后的语义信息。社交媒体中的自卑情绪数据中含有丰富的语义信息，在更细粒度的语义层面对其进行语义分析有利于了解自卑个体的相关特征。

（2）探讨自卑情绪语义主题空间演化模式。对自卑而言，其产生的原因或涉及的主题可能有很多，这些原因或主题往往会随时间不断更新与演化。本研究在顾及时间维度的情况下，通过一些合理且有效的方法，对语义主题空间做出了合理的划分，有益于自卑情绪领域知识的定位和研究主题变化特征的探讨，也有助于相关研究者们制定切实可行的研究方案，了解相关的风险。

（3）自卑情绪空间分布特征和关联因子。社交媒体数据中有大量的位置信息，以往的研究多从位置数据本身出发，探讨研究主题的空间分布模式，很少顾及研究主题与周围事物的关系。由地理学第一定律可知，任何事物都与其他事物相关联，越相近的事物关联越紧密。因此，本书试图从数据关联的角度出发，利用尺度推演、空间数据网格化等方法，探讨研究主题与周围事物的关系。

1.3　本书主要内容

本书从社交媒体的视角出发，围绕"自卑情绪"这个主题，基于文本挖掘、时空分析技术，探讨了自卑情绪的相关数据的语义特征，并重点分析了自卑情绪产生的原因及空间演变模式。首先，利用科学计量学方法，分析了相关研究的特征、现状及趋势，探讨了运用社交媒体数据进行自卑情绪研究的可行性和必要性。然后，构建了自卑情绪语义模型，运用基于语义关联的语义基元提取算法，提取代表自卑情绪的语义基元进行可视化分析。并在此基础上，引入 GIS 中空间分析的思想，通过语义建模的方法，将自卑情绪语义空间进行二元划分，并结合语义基元空间分布的特点，用空间自相关的分析方法，挖掘在语义空间中出现的空间聚集效应。最后，结合自卑情绪数据的签到信息，利用尺度推演、空间数据网格化等方法，对其时空演化模式及关联因子进行了探讨。具体研究内容包括以下几个方面：

（1）运用科学计量学和可视化方法，分别从宏观和微观的角度探讨了社交媒体与健康医疗、自卑相关研究的特征及趋势，证明了运用社交媒体大数据进行自卑研究的可行性及必要性。研究结果为新涉足相关领域的研究者们，提供了一个综合的、全视角的可视化科学知识结构图谱。

（2）利用自然语言处理技术，结合社交媒体数据特点，动态地构建了基于社交媒体数据的自卑情绪语义模型，通过阈值聚类方法，实现了语义基元的同义聚类，并通过基于关联的语义基元提取算法，提取代表自卑的语义基元，运用流行学习降维算法实现了语义基元的可视化表达与分析。

（3）对自卑情绪语义空间进行二元划分，描述语义基元在语义空间中的演化模式。在此基础上，将 GIS 中的空间自相关分析方法引入社交媒体语义研究，挖掘语义基元空间聚集特征，以分析某个具体的语义基元的出现受到周围语义影响的模式，为社交媒体语义分析方法提供了新的视角。

（4）在综合考虑经济、社会、教育及城市内部各种兴趣点（point of interest, POI）等因素的基础上，利用尺度推演、空间数据网格化等方法，实现了以上因素在空间单元的关联表达。通过地理加权回归模型探究了经济、社会及教育等因素对自卑情绪的影响，并基于空间网格单元探究了自卑情绪的城市内部时空分异性和演化。

1.4　本书组织结构

本书的组织结构如下：

第 1 章为绪论。从信息科学发展的角度，以社交媒体与大数据、大数据与健康医疗、健康医疗与 GIS 分析、地理空间与语义空间、自卑心理 5 个小节介绍了本书的研究背景。并在此基础上，引出了本书的研究意义。最后描述了本书的研究内容及本书的组织结构。

第 2 章为基于科学计量学的国内外相关研究分析。通过基于科学计量学的分析方法，对社交媒体与健康医疗、自卑相关研究的科技论文（从国家、机构、知识流动、当前研究成果等方面）进行了定量的可视化分析。并分别从宏观与微观的角度客观地探讨了相关研究的特点、热点及趋势，为探讨本书实际开展的针对社交媒体中自卑情绪的研究工作的可行性和必要性提供了依据。

第 3 章为自卑情绪数据语义特征分析。首先，介绍了数据的采集与预处理方法。然后，利用自然语言处理技术，结合所采集数据的特点，构建了基于社交媒体数据的自卑情绪语义模型。在此基础上，通过阈值聚类方法，实现了语义基元的同义聚类。并使用基于关联的语义基元提取算法，提取代表自卑的语义基元，运用基于流行学习的降维算法实现了语义基元的可视化表达。最后，针对可视化结果进行了自卑情绪语义特征的分析。

第 4 章为自卑情绪数据语义空间演化模式。首先，以第 3 章中提取的降维后的语义基元为数据基础，引入 GIS 空间分析思想，提出了基于降维后的语义基元构建 Voronoi 图，以面的形式表达语义模糊性，并以时间为标度，对语义空间进行二元划分的方法。然后，引入空间自相关分析方法，挖掘语义基元空间聚集特征。最后，对自卑情绪语义空间演化模式进行了分析。

第 5 章为自卑情绪关联因子及时空演化模式。首先分析了自卑情绪的时空差异和演化特征，包括时空差异、聚集特征演化、时空相关性等。然后在综合考虑经济、社会、教育及城市内部各种 POI 等因素的基础上，利用地理加权回归模型探究了经济、社会及教育等因素对自卑情绪的影响，并基于空间网格单元探究了自卑情绪的城市内部时空分异性和演化。

第 6 章为总结与展望。对本书的研究做了总结，阐述了本书的主要工作和结论。在此基础上，指出了本书的不足之处，并对以后的研究进行了展望。

第 2 章

基于科学计量学的国内外相关研究分析

2.1 引言

科技论文,是指科研人员或其他人员在科学研究实验的基础上,对自然科学、社会科学,以及人文艺术研究领域的现象(或问题)进行科学分析,之后进一步进行现象、规律和问题的研究,并按照各个科技期刊的要求进行电子和书面表达的作品。科技论文是记录科学研究成果的载体。在某一领域的研究过程中,该领域随着研究的不断深入,会衍生出很多研究子领域,学者们就这些领域或子领域的研究会发表数以万计的论文。对这些论文进行综合分析,不仅有利于人们回溯学科历史,了解学科现状,而且有利于人们预测学科未来发展趋势和热点。由于研究者们的时间和精力有限,加之研究子领域具有多样性,要想对自己关心的研究方向进行全面客观的评述,没有定量分析的方法很难进行(Hood and Wilson, 2001; Frenken 等, 2009)。基于科学计量学的分析方法提供了一种客观和定量的方法来识别某一特定领域的核心知识,并能揭示潜在的学术结构和知识流。

科学计量学最初只是一种运用数学与统计学方法对科学交流做定量分析的工具(Bonitz, 1996; ME 等, 2006; Ho, 2007; Tarkowski, 2007; Xie 等, 2008)。自从 20 世纪 60 年代,Eugene Garfield 创建了世界上第一个专门用于引文检索的大型数据库(科学引文索引),以及科学期刊出现第一个权威性的指标(impact factor),科学计量学得到了长足的发展。目前科学计量学可以对某一特定的领域、作者、期刊,甚至一篇或多篇特定的文章做定量评价和研究风险评估。在分析科学知识的传播与认知过程中,可以监控科学知识的发展,并确定新兴的主题领域和知识结构(Raan, 1996; Silva and Teixeira, 2008; Cruz and Teixeira, 2010)。利用科学计量学不仅可以回溯研究历史,而且能够客观地从宏观与微观的角度探寻学科热点及趋势(Zhang 等, 2009; Li and Chen, 2016)。

目前，有几种常用的学术搜索平台可为科学计量学研究提供原始数据文件，如 Google Scholar、arXiv. org、CNKI 和 web of science(WoS)等。Google Scholar 是由 Google 公司研发的免费学术搜索引擎。它可以帮助用户方便地搜索学术信息，包括出版商和专业团体出版的学术作品、预印件、大学和其他学术组织的同行评审论文。arXiv. org 是一个科学文献预印本的在线数据库，该数据库收录了超过 700000 个科学文献，其最重要的特点是"开放访问"，这意味着每个人都可以免费访问全文数据。CNKI 是目前世界上最大的中文期刊全文数据库，主要面向科技和教育。WoS 是由美国汤姆森路透社(Thomson Reuters)基于 Web 开发平台开发的大型多学科核心期刊综合引文索引数据库。它包括扩展了的科学引文索引、社会科学引文索引、艺术与人文引文索引、会议论文引文索引等，覆盖了约 12000 种世界领先期刊，引文涉及 256 个学科，并提供强大的基于网络的访问书目和引文信息(包括标题、作者、摘要、关键词、日期、作者地址、主题类别、参考列表等)，用户还可以下载 WoS 书目和引文信息，从而追踪所研究领域的知识根源(Chen 等，2014)。基于以上原因，WoS 通常被认为是科学计量研究的理想数据源(Liu 等，2015)。

本章节对学科、期刊、作者进行了科学计量学分析，试图鉴别大数据与健康研究以及自卑心理研究的一些特征。主要目的是：①展示时间演化；②识别关键学科，揭示学科间的潜在关系；③分析高被引期刊及其作者、研究成果，探讨相关研究的潜在学术结构和知识流；④为探讨本书实际开展的针对社交媒体中自卑情绪的研究工作的可行性和必要性提供依据。本章的研究结果将有助于读者特别是新手理解研究领域的起源、现状和成果，并为今后其他学者的研究提供参考，帮助研究者们在不断发展的大数据与健康研究以及自卑心理研究领域获得持续的知识更新。

2.2　社交媒体与健康医疗研究的科学计量

随着互联网技术的迅速发展，各种社交媒体(如 Twitter、Facebook 和 Sina Weibo)引起了学者们的广泛关注。在社交媒体中，每个用户都可以分享自己的观点、态度、情感，并与朋友及陌生人进行互动，每个用户既是信息的制造者也是信息的传播者。正如第 1 章所述，社交媒体中也因此含有很多与用户的疾病和医疗相关的信息。

基于此，不少学者利用社交媒体开展了很多与健康、疾病相关的研究，并发表了大量的论文。为了更好地将社交媒体用于健康、疾病等相关研究，本节对 web of science(WoS)核心数据库中收录的发表于 2008 年至 2017 年的以社交媒体与健康为主题的论文进行了科学计量学分析。具体内容和过程如下：

2.2.1　数据来源及获取方法

首先，在 WoS 核心数据库中，使用"（social media）AND（health OR disease）"对以社交媒体数据在健康医疗和疾病相关研究中的应用为主题的论文进行检索并下载，出版日期设置为 2008 年至 2017 年（数据下载时间为 2018 年 9 月 30 日），图 2-1 为相关数据统计图。然后，对下载的结果进行学科筛选，排除与大数据在健康方面相关性不大的学科文章，并删除重复数据。最后，剩下 1170 篇文章，发文最多的文献类型是 Article（725 篇），占出版物总数的 61.96%，第二是 Proceedings Paper（183 篇），占出版物总数的 15.64%，第三 Review（90 篇），占出版物总数的 7.96%。其中 1161 篇用英语撰写，占文献总数的 96.23%，英语是最常用的写作语言。

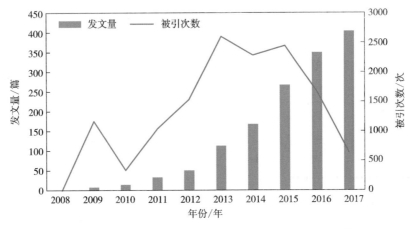

图 2-1　2008—2017 年以社交媒体数据在健康医疗和疾病相关研究中的应用为主题的论文发文数和引用次数

从图 2-1 中可以看出，2011 年前，文章产量增速较慢，共有文章 46 篇。本书通过对数据的统计发现，2011 年前只有 8 个国家/地区参与了该研究，美国是这个时期发表文章最多（30 篇）的国家，占到该时期论文发表总数的 65.22%。2012 年后文章产量急速增长，共有文章 1124 篇，共 72 个国家/地区参与该研究，其中美国发表论文 599 篇，占该时期论文发表量的 53.92%，仍然是发表量最大的国家，而英国（128 篇，占 11.39%）、澳大利亚（121 篇，占 10.77%）分列第 2、3 位。这个时期，随着计算机技术的飞速发展，数据生成和获取手段变得多样化，大数据及其衍生出的相关产品和技术，已经悄悄地改变了人们的生活、工作与思维方式。

2.2.2 学科特征

一个特定研究领域的学科组成在一定程度上能揭示该领域研究所涉及学科的融合程度及各学科在研究中所发挥的作用(Palmer, Sesé 等, 2005)。WoS 数据库中的每一篇文章, 根据其所发表的期刊, 都能被归纳到一个或多个研究领域。下面我们通过对研究领域的统计来揭示利用大数据对健康医疗及疾病进行研究的重点研究领域及它们之间的关系。

统计结果显示, 99 个学科共出现 1836 次(有的文章属于几个学科交叉, 在统计时, 我们对其研究领域各计数一次, 例如一篇文章的研究领域为 Computer Science 和 Physical Geography, 统计时 Computer Science 和 Physical Geography 各计数 1 次)。Health Care Sciences & Services(221 篇, 占 18.89%)、Computer Science(185 篇, 占 15.81%)、Medical Informatics(171 篇, 占 14.62%)是发文量最多的 3 个学科, 共占 2008—2017 年发文量的 49.32%。

为了探寻期刊研究领域之间的关系及演化情况, 本研究运用 CiteSpace 软件对期刊研究领域做了共现网络分析。我们将 2008—2017 年平均分为 5 个时间段, 每一时间段选取被引频次最高的 20 个期刊进行分析研究, 绘制出了研究领域共现聚类关系图谱, 其由 33 个节点、27 条共现边组成, 如图 2-2 所示。图 2-2 中, 顶部条形色带的颜色表示不同的年代, 每个节点表示一个研究领域, 节点中心的颜色表示该研究领域最早出现的年代, 包裹节点的圆环结构表示研究领域出现的历史, 圆环的颜色与时间色带的颜色相对应, 圆环的厚度与该时段发表的文章数量成正比, 带有紫红色光圈的节点具有较高的中介中心性(中介中心性是用来描述该领域中节点的中介功能及其影响程度的。一般来说, 如果一个节点的中心值较高, 暗示该节点具有较强的中介作用, 网络中大量研究都受该节点的影响), 节点之间的边表示两个研究领域有共现关系, 连线的粗细程度与这两个研究领域共现次数成正比, 边的颜色对应两个研究领域首次共现的时间条颜色。从图 2-2 中不难看出, Public 与 Health Policy & Services、Psychology 有很高的相关性。大数据健康与疾病研究最活跃的 10 个学科如表 2-1 所示, Computer Science 是出现次数第二多的研究领域, 并且与 Information science & Library Science 以及 Engineering 联系紧密。值得注意的是, Health Policy & Services 虽然发文量少(68 篇), 却被厚厚的紫色圆环包裹, 是具有最高中介中心性的学科, 这暗示着 Health Policy & Services 社交媒体在健康医疗及疾病的跨学科研究中发挥着重要的理论支撑作用。

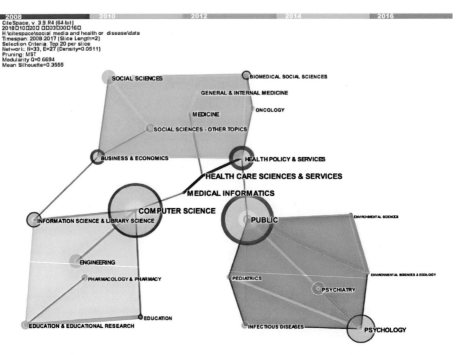

图 2-2　2008—2017 年社交媒体数据在健康医疗研究中的学科共现关系图谱

表 2-1　大数据健康与疾病研究最活跃的 10 个学科

学科	出现次数	中介中心性
Health Care Sciences & Services	221	0.31
Computer Science	185	0.32
Medical Informatics	171	0.17
Public	162	0.43
Psychology	101	0.17
Health Policy & Services	68	0.56
Communication	61	0
Medicine	60	0.08
Engineering	59	0

2.2.3　期刊被引及知识流动特征

正如前文所述，研究领域（subject category）共现聚类分析依赖于文章所发表的期刊的研究领域，期刊共被引分析则依赖于被引用的文章所刊载的期刊。具体来说，期刊共被引是指两个期刊被同一篇文章引用的现象，其反映了领域内知识的相关性及知识分布（陈悦等，2014）。

本书将 2008—2017 年平均分为 5 个时段。在每个时段，选择被社交媒体与健康医疗研究相关论文引用频次最高的前 20 种期刊进行分析，并采用 MST 算法对网络进行修剪。修剪后的网络包含 47 个被引频次最高的期刊（Node）和 78 条共现边（Line）。然后，根据主题对被引期刊的施引文章进行聚类分析，结果如图 2-3 所示，图中有 6 个明显的聚类。其中，Journal of Medical Internet Research 和 Plos One 分别被引 519 次和 289 次，是社交媒体与健康研究相关论文被引次数最多的两个期刊，同时也是中介中心性较高的期刊，这两个期刊所在聚类中的施引文献的研究内容主要是流感等主题。Computers in Human Behavior（201 次）、Jama-Journal of The American Medical Association（190 次）、New England Journal of Medicine（165 次）被引次数分列第 3 至第 5 位。上述期刊都是被引文献的主要来源期刊，也是地理本体相关文章潜在的可投稿期刊。

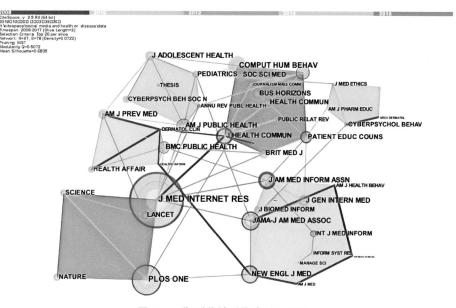

图 2-3　期刊共被引聚类关系图谱

如 2.2.2 小节所述，当今的科学研究大多需要学科/研究领域的协作，导致研究中普遍存在知识流动。对某一具体领域的发文期刊和被引期刊进行关联叠加分析，有助于了解该研究领域的知识流动及演化特征，展现某一知识领域在另一知识领域中的分布和地位。期刊双图叠加为在宏观层次整合科学研究和在微观层次结合更具体的特殊联系进行研究提供了新的途径（Chen and Leydesdorff, 2014）。

图 2-4 为 2008—2017 年社交媒体数据在健康医疗研究中的知识流动图谱，期刊的聚类命名使用的是对数似然算法（LLR）。图 2-4 中，左侧是施引图，右侧

图2-4 2008—2017年社交媒体数据在健康医疗研究中的知识流动图谱

是被引图；椭圆的长轴与期刊发文量成正比，短轴与作者的数量成正比；曲线方向从左至右展现了期刊间的引证轨迹。由图 2-4 可知，药品、医疗、临床神经学类期刊的作者数量及发文次数最多，主要引用来自医疗、护理、医学以及心理学、教育、社会、经济、政治等类别的期刊文章。另外，健康、护理和医学类期刊也是被引次数最多的期刊。换句话说，医疗、护理、医学以及心理学、教育、社会、经济、政治等类别期刊是医疗、护理、医学研究的知识源泉。

2.2.4　国际合作特征

在所收集的数据中，有 37 篇论文缺少作者的地址，因此，用来做国家与机构分析的文章有 1133 篇。为了探讨利用社交媒体进行健康医疗和疾病相关研究的空间分布以及该研究与经济发展的关系，我们绘制了参与研究的国家机构数量和发文量专题地图，如图 2-5 所示，其底图颜色与 2017 年各个国家的 GDP 数值相对应。图 2-5 清晰地表明，71 个国家已经参与了地理本体研究。各国发表论文的数量与其机构的数量成正比。美国和英国是参与机构最多的两个国家。同时，欧洲是研究机构最密集的地区，其国家机构和论文的数量覆盖着 GDP 超过 2000 亿美元的国家。

从国际合作的情况来看，各国独立发表的论文数量为 886 篇（78.20%），合作发表的论文数量为 247 篇（21.80%）。该研究的国际合作水平较低。社交媒体大数据健康研究的地理网络时间演化如图 2-6 所示。由图可知，2008—2009 年，只有少数几个机构发表了相关论文，以机构独立发表文章为主；2010—2011 年，参与研究的机构有所增加，且机构间有了合作，但大多是同一个国家的机构间的合作；2012—2013 年，参与该研究的机构数量明显增加，出现了国家之间的合作；2014—2015 年，国家间的合作更加频繁；2016 年，无论是参与的机构还是国家合作发文的数量都是最多的一年。

图 2-7 是发表文章最多的 20 个国家的国家生产和国际合作论文和弦图。图中各个部分在颜色和面积上有所不同：一个特定的颜色对应于一个国家，而它的面积与来自该国的论文数量成正比。此外，国家间连线的宽度与它们合作发表的文章数量成正比。虽然说美国是发文量最多的国家，但是与发文量前 20 的国家合作发文最多的却是英国，其主要合作伙伴是意大利和澳大利亚。国际化研究程度最高的则是瑞士（发文前 20 的国家中，瑞士与 5 个国家有过合作）。

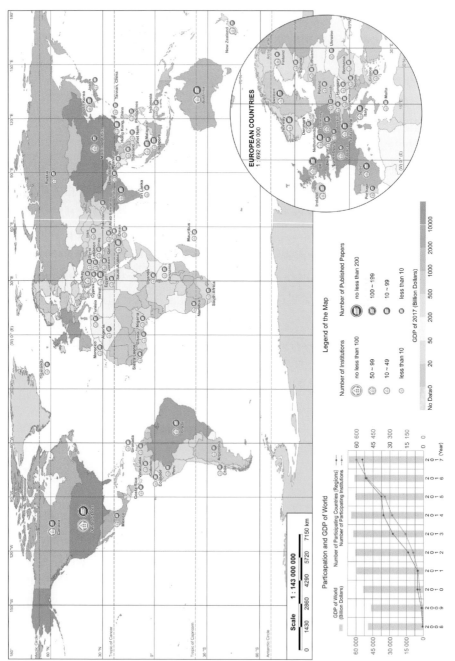

图 2-5　全球社交媒体大数据健康研究参与机构和发文数量空间分布图

[审图号：GS (2013) 6034号]

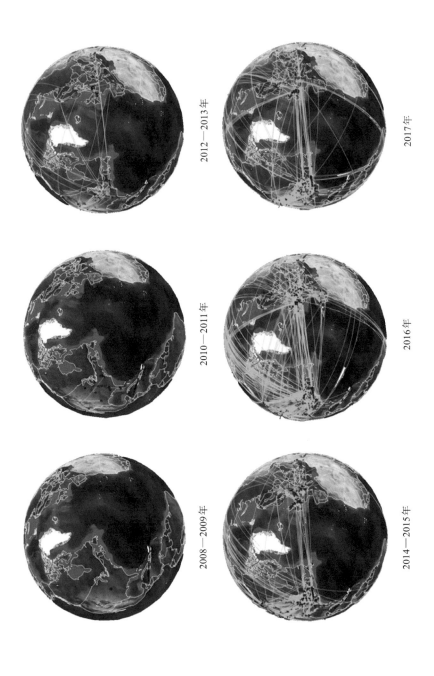

图 2-6　社交媒体大数据健康研究的地理网络时间演化

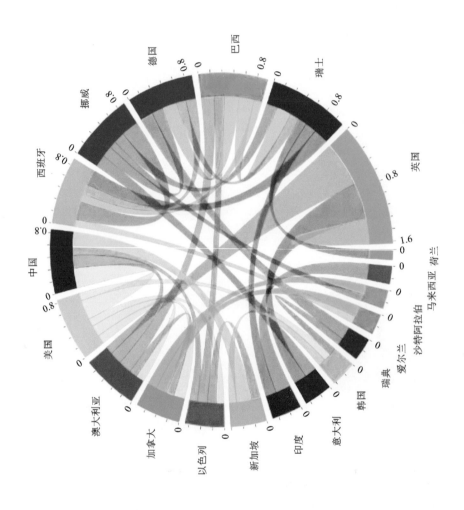

图 2-7 发表文章最多的 20 个国家生产和国际合作论文和弦图

2.2.5　被引文献特征分析

施引文献与被引文献之间存在耦合关系,对参考文献共被引情况做聚类及关键点分析,可以揭示某个领域的知识结构、研究前沿的演变以及在演变过程中起到关键作用的文献。关键文献如表 2-2 所示。

图 2-8 是使用 Pathfinder 算法修剪过的文献共引聚类关系图谱。图谱包含了每个时间段被引用次数最多的 20 篇文献(将 2008—2017 年平均分成 5 个时间段,图谱由 71 个节点和 86 条边组成)。由图 2-2 和图 2-3 可知,圆环的大小与该文献被引次数成正比,最外层紫色圆环代表了该文献具有较高的中介中心性,如果某个文献被引次数高,且又具有较高的中介中心性,这个文献就被认为是关键文献。图 2-8 中有 5 个明显的集群,我们分别用#1、#2、#3、#4、#5 来表示。

(1)集群#1。Greysen 等认为社交媒体内容的兴起,给医疗行业带来了一些新的风险,并对可能产生的风险进行了分析。基于分析结果,他们建议相关组织和机构可以尝试让社交媒体用户参与制定网络标准(Greysen 等,2010)。Lagu 等分析了与医学相关的博客,认为博客是一把双刃剑。一方面,博客为医生和护士提供了分享他们故事的平台;另一方面,博客也给医生或护士带来了泄露机密信息的风险(Lagu 等,2008)。

(2)集群#2。Hawn(2009)在整个网络中具有最高的中介中心性,并分别与集群#4 中的 Chou(2009)、集群#5 中的 Eysenbach(2008)有较强的共被引关系。Hawn 介绍了一种新型的基于社交媒体的 "Hello Health" 服务,并对该服务的优缺点进行了详细的分析(Hawn,2009)。Vance 等分析了利用社交媒体营销的优缺点,认为社交媒体营销具有低成本、用户交互方便等优点,缺点则包括具有盲目性、缺乏引导等(Vance 等,2009)。

(3)集群#3。Antheunis 等为了调查病人和医护人员对健康相关社交媒体的使用情况,分别对 139 例妇产科的病人和 153 名医护人员进行了在线调查。调查结果显示,病人和医护人员使用与健康相关的社交媒体的动机、障碍和期望存在不一致(Antheunis 等,2013)。Laranjo 等对利用社交媒体干预人们健康行为的有效性进行了分析,研究结果表明,社交媒体的介入对人们的健康行为有积极作用,但也存在相当大的异质性(Laranjo 等,2015)。Thackeray 探讨了卫生部门对社交媒体的依赖度,结果表明,公共卫生机构对社交媒体的使用尚处于早期阶段,有必要制订一揽子的战略计划,扩大覆盖面,促进用户间的互动(Thackeray,2012)。

(4)集群#4。Chou 等认为社交媒体增长的用户并不是均匀分布在各个年龄段,在制定基于社交媒体的健康交流计划时,必须首先考虑目标人群的年龄结构,以确保信息能够被精确推送,他们指出,不同民族和不同文化背景的人群对

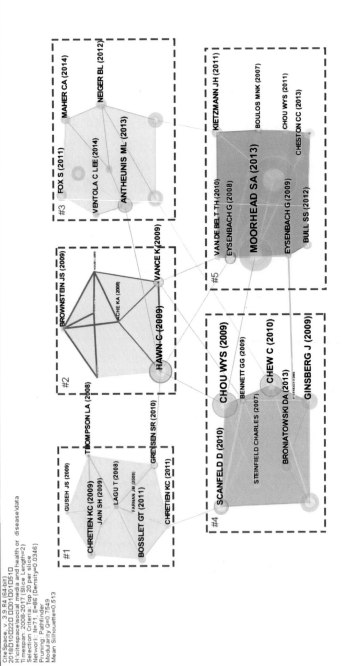

图 2-8　文献共引聚类关系图谱

互联网的关注存在明显的差异，但这些差异并不影响他们对社交媒体的使用（Chou 等，2009）。这一结果表明，以社交媒体为代表的新技术可能正在改变整个美国的通信模式。Ginsberg 等针对季节性流感早发现、早治疗可减少季节性流感和大流行性流感的特点，提出了一种通过分析海量 Google 搜索查询数据，追踪人口中类似流感的疾病的方法（Ginsberg 等，2009）。Scanfeld 等认为社交媒体为健康信息的共享提供了一种新的方式，但如何利用社交媒体来识别滥用或误用抗生素的个体，传播积极有效的信息，以及如何使用社交媒体工具收集实时健康数据等，则需要进一步的研究（Scanfeld 等，2010）。Chew 和 Eysenbach 针对以调查的方式来获取公众对突发事件态度的方法成本较高的特点，提出使用社交媒体作为传统调查方法的补充。并在此基础上，以 2009 年的 H1N1 流感数据进行了实验，结果表明，社交媒体中有关流感的信息与 H1N1 发病数据有很强的相关性（Chew and Eysenbach，2010）。

（5）集群 #5。Eysenbach 指出 Web 2.0 技术和方法的广泛应用促进了 e-Health 的发展，在此基础上产生的基于 Web 2.0、语义网和虚拟现实技术的 "Medicine 2.0" 给人们的生活带来了诸多便利（Eysenbach，2008）。Moorhead 等探讨了社交媒体在健康传播方面的七种用途。他们的研究认为，社交媒体使公众、病人和专业医疗人员可以自由交流，是一种强大的交流工具，同时也是一种社交互动机制，为健康医疗研究提供了一个新途径（Moorhead 等，2013）。Kaplan 和 Haenlein 讨论了社交媒体与 Web 2.0 以及用户生成内容等相关概念的区别，然后基于社交媒体的定义，提出了社交媒体的一种分类，该分类将包含在广义术语下的应用程序按照特征划分为更具体的类别（Kaplan and Haenlein，2010）。

表 2-2　关键文献列表

被引频次	中介中心性	作者	标题	集群 ID
111	0.06	Kaplan（2010）	Users of the world, unite! The challenges and opportunities of Social Media	5
82	0.05	Moorhead（2013）	A new dimension of health care: Systematic Review of the uses, benefits, and limitations of social media for health communication	5
60	0.16	Chou（2009）	Social media use in the United States: Implications for health communication	4
55	0.4	Hawn（2009）	Take two aspirin and tweet me in the morning: How Twitter, Facebook, and other social media are reshaping health care	2

续表2-2

被引频次	中介中心性	作者	标题	集群 ID
55	0.13	Chew (2010)	Pandemics in the age of twitter: content analysis of tweets during the 2009 H1N1 outbreak	4
47	0.03	Ginsberg (2009)	Detecting influenza epidemics using search engine query data	4
42	0.05	Thackeray (2012)	Adoption and use of social media among public health departments	3
36	0.16	Scanfeld (2010)	Dissemination of health information through social networks: twitter and antibiotics	4
35	0.18	Antheunis (2013)	Patients' and health professionals' use of social media in health care: motives, barriers and expectations	3
28	0.1	Vance (2009)	Social internet sites as a source of public health information	2
28	0.22	Eysenbach (2008)	Medicine 2.0: Social networking, collaboration, participation, apomediation, and openness	5
20	0.06	Laranjo (2015)	The influence of social networking sites on health behavior change: a systematic review and meta-analysis	3
19	0.15	Greysen (2010)	Online professionalism and the mirror of social media	1

2.2.6 热点分析

作者关键词是文章作者提供的，扩展关键词(keyword plus)是从论文的参考文献标题中的单词衍生出来的。作者关键词和扩展关键词(以下统称为关键词)是与文章主要内容紧密相关且出现频次较高的几个词，这些词揭示了文章的研究主题、知识领域和研究方法。如果某一时期某关键词在文献中反复出现，就说明该关键词所表征的研究主题是该时期、该领域的研究热点，关键词的变化可以反映研究主题的变化。所以说，关键词提供了研究现状及发展趋势的重要信息(Chen and Leydesdorff, 2014; Chen 等, 2013)。

　　词频分析是科学计量学方法中最基本的方法之一。所谓词频，是指某一个具体的关键词在论文中出现的频次。在科学论文中，不同关键词出现的频次有一定的规律性（杨立英等，2007）。词频的波动与研究主题之间存在隐性的相关性，词频分析为学者们探讨研究主题领域的本质提供了有效的方法。不同的研究领域，关键词出现频次的特征不同，对关键词进行词频分析可以在一定程度上揭示研究热点和趋势。

　　本书所研究的数据中，有 168 篇文章没有关键词信息，用于关键词分析的文章有 1002 篇。由于有部分关键词是同义词或近义词，我们必须对这些关键词进行标准化处理（如："system"和"systems"统一为"system"），最后，剩下 3459 个关键词。其中，2510 个（72.56%）关键词只出现过一次，399 个（11.54%）关键词只出现过两次，3170 个（91.64%）关键词出现次数小于 5 次，只有 129 个（3.73%）关键词出现次数超过 10 次。图 2-9 为关键词共现网络时区图。该图使用 Pathfinder 算法对网络进行了简化，简化后的网络由 66 个节点和 154 条边组成，图中一个节点表示一个作者关键字或扩展关键字，节点的大小与关键字的共现频次成正比。图 2-9 呈现了关键词出现的时间序列特征。

　　图 2-9 中，由于关键词"social media"和"health"是检索关键字，所以"social media"和"health"的出现频次和中介中心性都比较高，分别为（595，0.29）和（152，0.11）。其他高频关键词包括"Internet"（201，0.27）、"twitter"（162，0.05）、"facebook"（152，0.26）、"information"（133，0.14）、"communication"（120，0.24）。这表明目前利用社交媒体数据做健康医疗相关研究以在线交流为主，最常用的交流工具是 Twitter 和 Facebook。其中，Facebook 的中介中心性比 Twitter 高，可能的原因是人们利用 Facebook 研究的主题比 Twitter 多。关键词"public health"和"behavior"都是 2014 年后才出现的关键词，但出现次数却超过了 50 次，表明 2014 年后，研究人员开始关注公众健康和人们的行为，部分可能的原因是在这一年出现了流感和埃博拉等疫情。值得注意的是，"depression""mental health"以及"college student"是 2017 年新兴的三个研究课题，这 3 个关键词出现次数均超过了 10 次，分别为 12 次、30 次、12 次。与此同时，关键词"adolescent"从 2011 年就开始出现，且具有很高的中介中心性，表明利用社交媒体进行青少年健康相关研究早在 2011 年就已经出现，但近年来高校学生的精神问题才引起学界的关注。

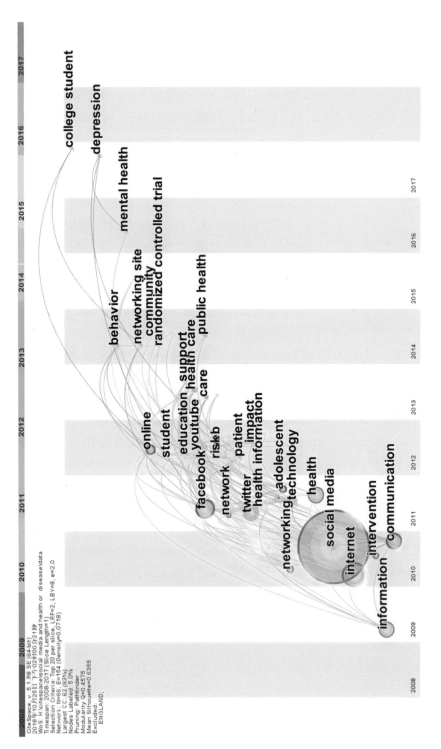

图 2-9 关键词共现网络时区图（66 个节点，54 条边）

2.3　自卑相关研究的科学计量

　　自卑，是一个心理学词汇。《辞海》和《现代汉语词典》都认为，自卑是指轻视自己，以为不如别人，是个体遭遇挫折或无法达到某一期望高度时的无力感、无助感及对自己失望的心态。自卑的人往往情绪低落、郁郁寡欢、内心脆弱、性格内向且敏感，对于别人的一个眼神或一句话都会浮想联翩。长期自卑的人，大脑皮质长期处于被抑制状态，体内各个器官的生理功能得不到充分的调动，进而引发很多病症，如头痛、焦虑、抑郁等。因此，为了更好地了解自卑研究的历史、现状及未来的研究趋势，本研究下载了 1900—2017 年 WoS 数据库中自卑相关的研究文章。为了保证文献检索的全面性，我们将检索关键词设置如下：

　　("inferiority complex" OR "self-abasement * " OR "self-contempt * " OR "feeling * of inferiority" OR "self-abased" OR "inferiority feeling * ")

　　总共下载到 315 篇文章，数据经过预处理(数据的预处理过程见本章 2.2.1 小节)后，剩下 256 篇文章。WoS 数据库中，最早的一篇关于自卑的文章是 1922 年出版的 *Some Applications of The Inferiority Complex to Pluralistic Behavior*。但 2008 年前，每年关于自卑的发文量都不到 10 篇，并且缺少时间上的连续性。故本研究选用 2008—2017 年 10 年间发表的 139 篇文献进行科学计量学分析。这 139 篇文章总共被引 875 次，发文最多的文献类型是 Article，共有 105 篇，占出版物总数的75.54%，其次是 Proceedings Paper，有 24 篇，占出版物总数的 17.27%。有106 篇文章用英文撰写，占文献总数的 76.26%。

　　图 2-10 为 2008—2017 年自卑相关研究论文总数量和总引用次数变化图。由图可知，2008—2013 年每年发表文章数量相当，每年发文 10~15 篇，2014 年发文

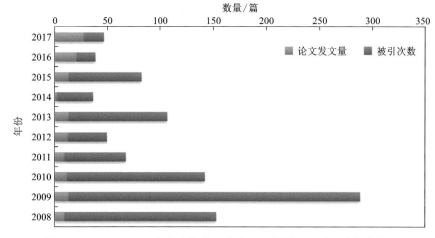

图 2-10　2008—2017 年自卑相关研究论文总数量和总引用次数变化图

量出现了下滑，2015—2017 年发文量出现了连续的增长，这一时期总共发文 66 篇。从以上数据不难看出，学界对自卑等相关心理问题研究的关注度不高，相关研究并没有引起学界的重视。

2.3.1　学科特征

2008—2017 年，自卑相关研究共涉及 61 个研究领域，出现 180 余次。我们将 2008—2017 年平均分为 5 个时间段，每一时间段选取被引频次最高的 20 个期刊进行分析研究，绘制出了研究领域共现关系图谱，如图 2-11 所示，该图谱由 51 个节点、41 条共现边组成。从图 2-11 中不难看出，发文量最多的学科为 Psychology，接下来是 Social Sciences（17 篇）和 Education & Educational Research（14 篇），同时 Social Sciences 和 Education & Educational Research 也是中介中心性较高的两个学科，其中介中心性分别为 0.26、0.18。换句话说，Social Sciences 和 Education & Educational Research 是自卑跨学科研究的重要桥梁学科。值得注意的是，Social Sciences 和 Education & Educational Research 圆心呈红色，这种现象往往表明这两个学科曾引发了自卑相关研究学科结构的突变。综上所述，自卑相关研究已不仅仅是从事心理学方面研究的学者所关心的问题，其也逐渐引起了社会科学、教育学等相关学科研究者的重视。

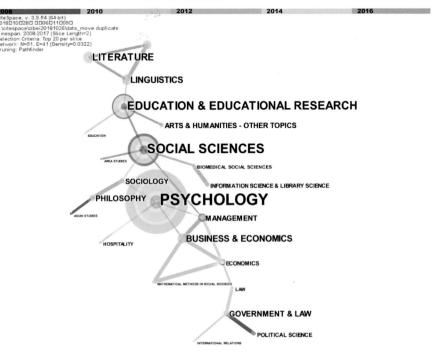

图 2-11　2008—2017 年自卑相关研究学科共现关系图谱

2.3.2　期刊被引及知识流动特征

图 2-12 为 2008—2017 年自卑相关研究论文引用期刊共现关系图谱。首先，我们将 2008—2017 年平均分为 5 个时间段，在每个时间段，选择被引次数最高的前 20 个期刊进行分析。其次，我们采用 Pathfinder 算法对网络进行化简，简化后的网络包含 158 个被引频次最高的期刊（Node）和 332 条共现边（Line）。最后，我们对被引期刊的施引文章以主题的形式进行聚类分析，聚类采用潜语义索引算法。从图 2-12 中可以清晰地看出，被引文献被分为 6 个集群：

（1）集群#1。该集群的施引文献主要是对自卑进行的观察性研究，其由 21 个期刊组成。该集群的期刊数量最多，其中 *Journal of Personality and Social Psychology* 是被引时间最早、被引次数最多的期刊。更为重要的是，*Journal of Personality and Social Psychology* 也是具有最高的被引中介中心性的期刊，它与集群#2、#3、#4 有着较强的共被引关系。同时，该集群中另一个具有较高中介中心性的期刊为 *Journal of Personality and Social Psychology*。

（2）集群#2。该集群的施引文献关注自卑人群的生活，其由 20 个期刊组成。该集群的期刊数量仅次于集群 #1，但是每个期刊被引频次都不高，*Psychological Medicine*，*American Psychologist* 和 *Journal of Abnormal Psychology* 是被引频次和中介中心性最高的三个期刊。

（3）集群#3。该集群的施引文献关注自卑个体精神方面的问题，其由 19 个期刊组成。*British Journal of Psychiatry*，*Archives of General Psychiatry*，以及 *American Journal of Psychiatry* 是该集群中被引次数最多的三个期刊。值得注意的是，该集群中的期刊中介中心性都不高，并且 2014 年后很少有文献引用该集群的期刊，说明该集群相关施引文献的研究方向相对独立，跨学科（领域）的研究不多，缺少连续性。

（4）集群#4。该集群的施引文献对自卑者的道德情感予以了充分的关注，其由 17 个期刊组成。*Personality and Individual Differences*，*Psychological Bulletin* 和 *Clinical Psychology Review* 是该集群中被引次数最多的三个期刊。

（5）集群#5。该集群的施引文献主要研究自卑个体的情绪调节及其心理问题，其由 7 个期刊组成。该集群中的期刊被引时间集中在 2012 年和 2013 年。*Journal of Consulting and Clinical Psychology*，*British Journal of Clinical Psychology*，*Behavior Research Methods Instruments & Computers* 是该集群中被引次数最多的三个期刊。

（6）集群#6。该集群的施引文献主要研究自卑个体的行为特征，比如厌食等。被引时间都是 2012 年，此后几乎没有自卑相关的研究论文引用该集群的期刊。该集群由 4 个期刊组成，即 *International Journal of Eating Disorders*，*Eating Behaviors*，*Body Image*，*Eating and weight disorders*。

图 2-13 为 2008—2017 年自卑相关研究文章的期刊双图叠加图谱。图中，左

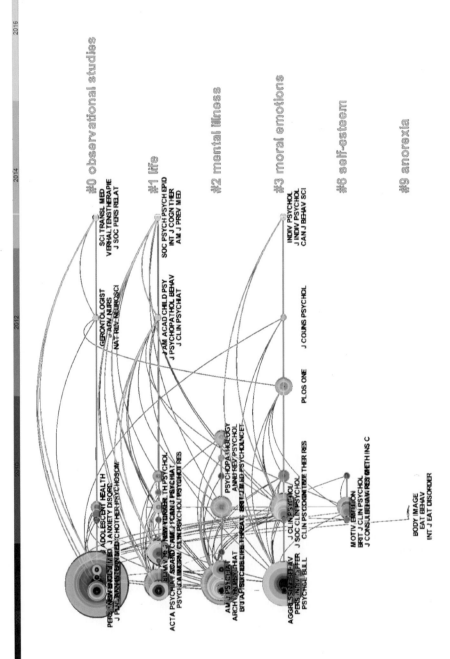

图2-12　2008—2017年自卑相关研究论文引用期刊共现关系图谱

图2-13　2008—2017年自卑相关研究文章的期刊双图叠加图谱

侧是施引图,右侧是被引图;椭圆的长轴与期刊发文量成正比,短轴与作者的数量成正比;曲线方向从左至右展现了期刊间的引证轨迹。由图 2-13 可知,心理学、教育、卫生、经济类期刊发文数量最多,其所刊载的文章主要引自心理学、教育、社会学、经济学等期刊,也有部分引用了护理、医学等期刊。

2.3.3 国际合作特征

我们以发文作者所在机构的地址信息为基础,提取出机构空间位置的地理坐标,导入 ArcGIS 生成机构分布的点图层,进行核密度分析,绘制出作者所在机构分布热点图,如图 2-14 所示。从图 2-14 中我们可以清楚地看到,作者所在机构分布的几个主要空间簇群在美国、欧洲,世界其他地方也有一些机构进行自卑相关的研究。在美国,位于东海岸的机构比位于西海岸的多。在欧洲,机构主要分布在英国、法国和德国。在亚洲,日本和韩国从事自卑研究的机构较多,中国香港也有机构从事自卑相关研究。欧洲是国际合作最多的地区,其中美国是最重要的合作伙伴,另外两个合作地区是南美洲和非洲。

为了进一步探讨国际合作的情况,我们制作了发文最多的 29 个国家合作论文和弦图,如图 2-15 所示。图 2-15 中,不同颜色的扇形表示不同国家,扇形的面积与国家发文量成正比,国家之间的连线表示它们有过合作关系。从图 2-15 中可以看出,英国和美国是国际合作程度最高的国家,它们与德国、瑞士、西班牙、意大利、巴西等都有过合作。但总体来看,从事自卑相关研究的机构并不多,国际合作程度不高。

2.3.4 被引文献

图 2-16 是使用 Pathfinder 算法化简后的文献共被引网络。该网络包含了发表于 2008—2017 年的自卑相关研究论文引用最多的 20 个文献。从图 2-16 中不难看出,Gilbert(2006),Whelton(2005),Gilbert(2004),Gilbert(2009),Bhagwagar(2008),Green(2013)是中介中心性最高的 7 个文献。

Gilbert 和 Procter(2006)介绍了一种用于高羞耻感的人的同情心训练方法。6 名高羞耻感的人在认知行为实验中心进行了 12 个小时的同情心训练,通过训练,6 位参与者的抑郁、焦虑、自我批评、羞耻、自卑等情绪显著下降,同时他们的自我安慰能力显著提高(Gilbert and Procter, 2006),证明了该方法的有效性。Whelton 和 Greenberg(2005)通过对大学生开展抑郁症体验问卷调查(depressive experiences questionnaire),研究了大学生自我批判的程度。结果表明,人在抑郁状态时,情绪(尤其是轻视和厌恶自我的情绪)和消极认知起着重要作用(Whelton and Greenberg, 2005)。Gilbert 等(2004)编制了自我批评和自我安慰量表,以探讨其与抑郁症的关系,通过对 246 名女大学生进行问卷调查发现,自我批评是

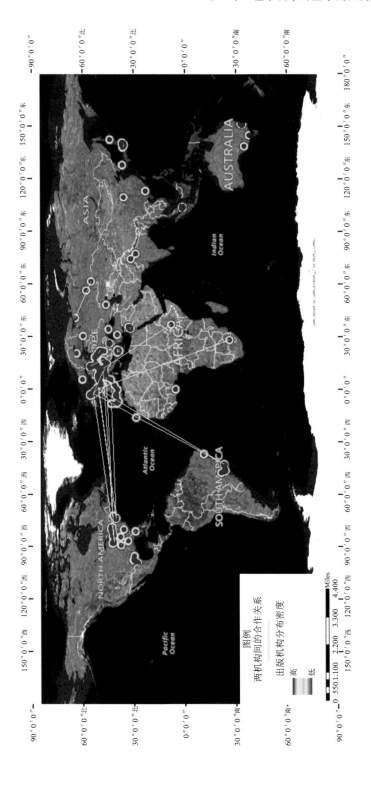

图2-14　作者所在机构分布热点图

[审图号：GS (2019)1719号]

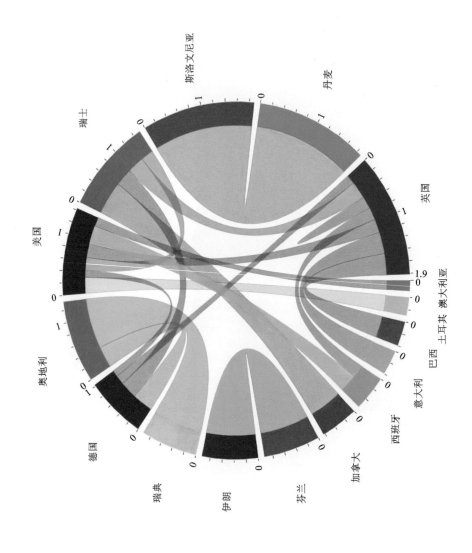

图 2-15 发文量最多的 29 个国家合作论文和弦图

有不同形式、功能和基础情绪的过程，他们指出，有必要对自我批评的变体和自我安慰机制进行更详细的研究（Gilbert 等，2004）。Gilbert 等（2009）对 62 位抑郁患者做了一项关于避免自卑、被忽视等心理的调查问卷，通过分析这些问卷发现，提高竞争意识可能对人的情绪有负面作用。当人们在所处的社会环境中感到不安的时候，他们会把注意力集中在对自己和他人的等级观念上，如果觉得自己低人一等，他们就会害怕被拒绝，这可能增加他们的抑郁、焦虑和压力（Gilbert 等，2009）。Bhagwagar 和 Cowen（2008）认为重度抑郁症复发是临床上常见的问题，对抑郁症高发人群发病前的行为进行研究将有助于发现抑郁症发生的诱因和后果，他们认为，这项研究将促使学界更好地了解易受抑郁症困扰人群的神经生物学特征（Bhagwagar and cowen，2008）。

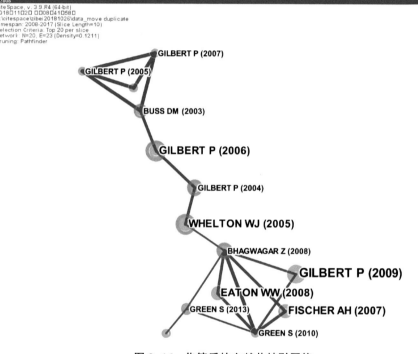

图 2-16 化简后的文献共被引网络

2.3.5 热点分析

本书所研究的数据中，有 24 篇文章没有关键词信息，用于关键词分析的文章有 116 篇。按照本章 2.2.6 小节所述方法，对关键词进行标准化处理，最后剩下 801 个关键词。其中，702 个（87.64%）关键词只出现过一次，99 个（12.36%）关键词出现超过两次。

图 2-17 为关键词共现网络时区图。该图使用 Pathfinder 算法对网络进行了简化，简化后的网络由 162 个节点和 192 条边组成。"adolescents""anxiety""behavior""depression"和"questionnaire"是最早出现的 5 个关键词，并且在本书的研究区间(2008—2017 年)中每年都出现。这表明青少年、焦虑、行为和抑郁一直是自卑相关研究关注的焦点，问卷调查则是一直沿用的研究手段。2009 年到2011 年，"压力""健康""孩子"等问题受到了自卑相关研究的充分关注。2013年，问题出现最多的关键词是"self-esteem"和"psychotherapy"。自尊心受到伤害会使人自卑，同时，越自卑的人，自尊心越强。过度自卑和过度自爱都是自尊心强的不利表现形式。心理疗法是自卑的一种有效治疗手段，通过针对性的心理治疗，自卑的人可以重拾自信。2014—2015 年，学界关注最多的主题为"college students""mental health"等。自卑给大学生们带来了极大的痛苦，使他们正常的生活和学习受到了极大的影响，分析大学生自卑心理的原因，有助于在校大学生

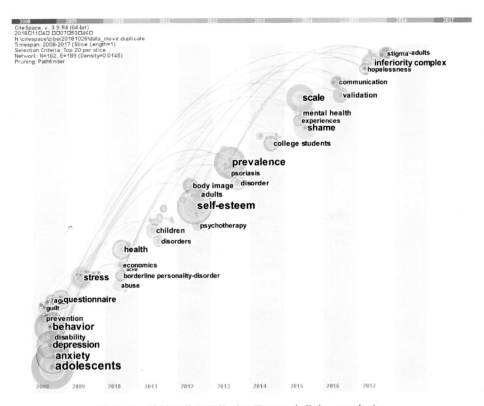

图 2-17　关键词共现网络时区图(162 个节点，192 条边)

增强调适能力，促进其心理健康发展。2016—2017 年，出现最多的关键词是"hopelessness"和"inferiority complex"。从图 2 - 17 中可以看出，"inferiority complex"与"anxiety""depression""abuse"有着很强的共现关系，表明这三种心理疾病有很强的相关性。同时，"young - adult""stress""disorders""behavior"与"hopelessness"共现关系明显，表明青少年过度的自卑有可能导致绝望和行为混乱。另外，我们研究了出现频次较高的关键词及其来源期刊，绘制了关键词期刊关系桑基图，如图 2-18 所示。图中，左边为出现频次较高的关键词，右边为来源期刊，连线的宽度与期刊出现该关键词的频次成正比。

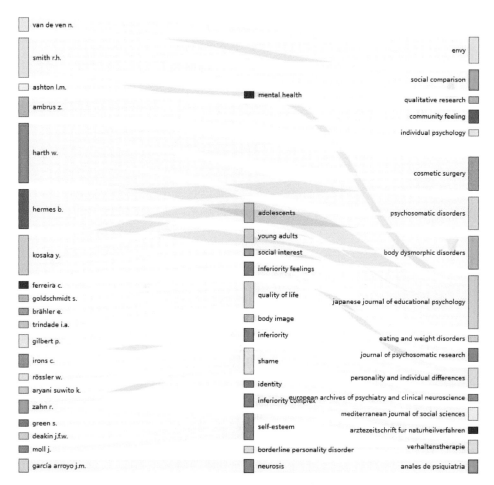

图 2-18　关键词期刊关系桑基图

2.4 当前研究的启示

社交媒体是一个在互联网的沃土上蓬勃发展的、充满活力的产业，也是人们彼此分享意见、观点和信息的产业和平台。通过本章 2.2 节的分析可以看出，社交媒体应用于健康医疗是一个快速发展的研究领域，涉及相当多的国家和机构，国际合作也日益增强（Conway and O'Connor, 2016）。高度的跨学科性是该研究的一个固有特点，主要涉及健康医疗、药学、经济学、心理学、计算机科学等相关学科。相比于社交媒体在健康医疗方面的研究，自卑相关研究发文数量并不多，但这并不代表该研究不重要。相反，随着近些年来因心理健康问题（特别是青少年的心理健康问题）而引发的争端或社会事件常见诸报端，此类问题再次引发社会关注。通过本章 2.3 节的分析可知，关于自卑的研究多发表于心理学、教育学、社会学、医学、经济等期刊。值得注意的是，自卑和抑郁、焦虑等有很强的相关性。近来有研究也指出，自卑可能引发多种负面情绪，进而导致抑郁症，同时自卑情绪会导致抑郁患者病情加重。然而，传统的对自卑的调查方法多以线上或线下问卷调查为主，在这种调查方式下，被调查对象可能出于某些自身因素的考虑而不去真实地填写问卷，使这种调查的有效性大打折扣。而由于社交媒体的匿名性，自卑的人常利用社交媒体与他人交流，以获取医疗信息或揭示他们的经历，这就为自卑相关研究提供了新的视角。随着近年来心理健康问题（特别是青少年的心理健康问题）受到社会广泛关注，运用社交媒体进行心理健康相关研究的话题开始被探讨。目前该研究还处于起步阶段，有大量的研究子领域需要深入探索。针对目前的研究现状和社交媒体数据所含有的语义、时间、位置信息等属性特点，本书有如下启示：

（1）能否在更细粒度上更多地关注数据本身的语义信息。社交媒体数据中含有丰富的语义信息，就某一具体的研究主题而言，其主题知识或信息是隐含在语义基元背后的语义信息。目前运用社交媒体进行相关研究的方式主要有：①线上问卷调查；②直接将获得的研究数据抽样，通过人工判读进行评估；③运用图像和社会网络分析技术，从社会网络数据集中洞察心理健康问题。但以上方法对社交媒体数据中隐藏的语义信息关注较少。

（2）能否在顾及时间维度的情况下，探讨语义空间的演化模式。社交媒体数据中，每一条数据都有时间属性。对于某一具体的研究主题而言，其关注点和主题知识往往是随时间不断更新演化的，通过一些合理且有效的方法，对语义空间做出合理的划分，有益于自卑情绪领域知识的定位和研究主题变化特征的探讨，也有助于相关研究者们制定切实可行的研究方案，了解相关的风险。

（3）能否利用社交媒体数据中的位置信息，探讨研究主题的空间分布特征和关联因子。地理学第一定律指出：任何事物都与其他事物相关联，越相近的事物关联越紧密。社交媒体数据中有大量的位置信息，过往的研究多从位置数据本身出发，探讨研究主题的空间分布模式，很少顾及研究主题与周围事物的关系。基于此，本书试图从数据关联的角度出发，利用尺度推演、空间数据网格化等方法，探讨研究主题与周围事物的关联关系。

2.5　本章小结

社交媒体应用于健康医疗研究是一个快速发展的研究领域，取得了丰硕的成果，但仍然有大量的研究子领域需要深入探索。因此，近年来，社交媒体被广泛用于心理健康相关研究。自卑是一种不能自助和软弱的复杂情感，若不能被及时发现、正确引导，将会造成极其严重的后果，但传统的调查方法存在一些限制，比如调查对象不配合等。基于此，本书拟通过社交媒体中有关自卑的帖子从语义和时空两个层面对自卑进行研究。在开展研究前，本书利用科学计量学方法，系统地回顾了过往研究的特征和进展，主要目的是，发现与总结出当前研究所面临的问题及对本研究的启示，具体而言，主要分析了以下几个方面的问题：

（1）分别针对社交媒体与健康医疗、自卑相关研究论文的发文学科、期刊、国家等方面，阐述了相关研究的特点，从而对相关研究有一个更加立体、深刻的认识。

（2）系统性概述了前人的相关研究工作，详细介绍了相关研究的历史，重要的文献、知识的流动情况，以及研究热点和趋势。

（3）通过对过往研究进行比较分析，总结当前研究存在的问题，以及对本研究的启示，为本书开展的利用社交媒体数据分析自卑情绪的研究工作，提供了理论支持及需求依据。

第 3 章 /

自卑情绪数据语义特征分析

3.1 引言

正如第 1 章所述，社交媒体是供人们交流和讨论的平台。在社交媒体上，人们以语言文字或声音为载体记录生活点滴，交流情感和经验。对社交媒体中的自卑数据进行语义分析，实质上是对语言文字进行分析。因此，本章将运用自然语言处理技术，分析自卑情绪数据的语义特征。

语言是人类沟通和交流的主要工具，是人类文化的一个重要组成部分。语言使人类的文明得以传承，历史得以记载。在日常生活中，人们通过使用语言来学习和增强自己的能力。与动物语言相比，人类语言结构更加复杂，表达更加多样。可以说，语言赋予了人类表达复杂情感和逻辑思维的能力。自然语言（natural language）通常是指随着文化发展而自然演化的语言。在神经心理学和语言学中，自然语言并不是蓄意为某些特定用途而创造的语言（如计算机语言），而是通过人类的重复使用自然进化出来的语言（如汉语、英语等都属于自然语言）（Langendoen and Lyons，1991）。

自然语言处理（natural language processing，NLP）是一种计算机文本分析方法，也是计算机科学、信息工程和人工智能的一个非常重要的研究领域，涉及计算机和人类语言的交互。自然语言处理试图解决的核心问题：在人类语言表达含糊不清的情况下，计算机如何准确地解析出人类的意图。与之紧密相关的文本挖掘（text mining）技术近年来引起了广泛的关注。在人们的日常生活中，自然语言处理被广泛应用于语音识别、数据挖掘与网络爬虫等；在学术研究中，人工智能、知识共享与重用，甚至本体构建都与自然语言处理技术密切相关。

自然语言处理的研究历史可追溯到 20 世纪 50 年代。1950 年，Alan Mathison Turing 发表了一篇名为 *Computing machinery and intelligence* 的文章，提出了现在被

称为"图灵测试"的智力标准。1954 年，Georgetown University 声称 3 到 5 年内，翻译将能通过机器完成（Hutchins，2006）。随后，自然语言处理技术被大量用于机器翻译研究。但受限于当时落后的技术和理论，该研究并没有取得预期成果。直到 20 世纪 80 年代末，随着计算机数据处理能力的增强、统计学相关理论的发展、基于语料库的翻译方法和隐性马尔科夫模型的提出，机器翻译领域有了进一步发展的契机，自然语言处理研究得以继续。进入 90 年代后，自然语言处理研究发生了巨大变化，主要表现在：第一，以概率和大规模数据驱动的方法被普遍使用；第二，语音识别、语法检查等产品被研制出来；第三，万维网的发展使人们在网络上查询和检索信息的需求变得迫切，驱动了自然语言处理技术的发展。此后，机器学习被引入自然语言处理研究，监督和无监督学习算法被大量使用，这些把自然语言处理研究推向了一个崭新的阶段。2010 年前后，深度学习在自然语言处理中被广泛应用。大量的研究表明，深度学习可以在语义建模、句子结构分析、语料库构建等许多自然语言处理任务中获得较好结果，例如，在翻译的相关研究中，基于深度学习的机器翻译方法直接学习句子序列，可以避开在统计机器翻译中使用的单词对齐和语言建模等中间步骤。

近年来，随着深度学习以及自然语言处理研究的深入，学者们不断尝试将自然语言处理技术应用到主题关键词提取和语义相似度计算等研究中，试图让机器在理解文章中心思想的情况下提取主题关键词，以提高文章主题关键词提取的准确度。与此相关的研究，例如句子结构分析和语义分析等引起了越来越多人的关注。沈航等提出了一种面向知识库的地理信息本体匹配方法。该方法首先提取要素的本体属性，并用翻译工具将提取的本体属性转化为 WordNet 的语义集合，在此基础上实现了地理信息本体属性的匹配（沈航等，2016）。Kuai 等构建了基于自然语言处理技术的跨语种地理空间信息形式化本体模型，设计了形式化本体模型的相似度算法，能对语义相似度进行距离计算，识别类别间的映射关系，并利用中美两国地理空间信息分类标准验证了其提出的跨语言地理空间信息本体映射模型的可行性和可靠性（Kuai 等，2016）。Hu 等构建了基于深度学习的词向量模型，并在此基础上，提出了一种基于语义关联的关键词提取算法，以自然灾害为例，其能识别出区分地理自然灾害与其他类型自然灾害的特定领域知识（Hu 等，2018b）。

基于深度学习算法的自然语言处理技术，与传统算法相比，其优势主要有以下几点：

（1）在使用基于深度学习的自然语言处理算法时，其学习过程面向需要处理的特定语料库，并且将最常见的情况作为处理的重点。而传统的自然语言处理算法很大程度上依赖于语言学专家们对语料库的归纳总结，有时还需抽象为领域术语。在实际应用中，由于语言学专家们的学科背景不同、研究领域不同，他们对语料库归纳总结的结果也存在差异，这在很大程度上影响了传统算法的计算结果。

（2）基于深度学习的自然语言处理算法在自动学习过程中使用了统计推理算法，该算法通过推理判断，可以在遇见未知短语及错误输入时给出较合理的输出结果。传统的自然语言处理算法，大都依靠穷举等方法制定短语处理规则，在遇见上述情况时，很难有较好的输出结果。

（3）基于深度学习的自然语言处理算法在运行过程中，可以通过增加语料库数据的方法，提高其模型数据处理精度。而传统的自然语言处理算法，如果要提高其处理精度，只能增加模型的复杂度。而传统的自然语言处理算法复杂度超过一定的临界值时，系统会变得难以管理。

自然语言处理技术，根据其具体的应用领域不同，使用的理论方法也略有不同，包括取词、分词、停止词、语法分析指代消除等。本章需要使用的自然语言处理技术包括如下几类：

（1）去除停止词。

停止词（stop word），是指在自然语言处理中，为了提高效率和节省空间，在处理过程中被过滤（删除）掉的词或字。这些词通常不是机器自动生成的，而是人工标注的，标注后的停用词会形成一个停用词表。常用的停用词多为冠词、介词、副词等，比如，英文中的"an""at""which"等，中文中的"的""在""嗯"等。

（2）自然语言分词。

在自然语言处理中，词是能独立表达语义的最小单元（曹卫峰，2009）。自然语言分词技术就是将一段由连续字符串组成的文本分割成若干个具有独立语义的单词的技术。在诸如英文的文本中，单词之间都有分隔符，因此无须进行分词处理。但是在中文文本中，文本的语义表达来自字与字之间的排列组合，具有独立语义的词汇则由一个或多个连续的字组成，且词汇之间没有空格。所以，在对中文文本进行处理时，需先进行分词处理（王威，2015）。基于此，分词处理是中文文本处理的基础性工作。

（3）词性标注。

词性标注是自然语言处理中的重要模块，是句法分析、信息抽取的基础性工作。所谓词性标注，就是判定句子中词语的词性（如名词、动词、形容词、副词等），并依据相关标准或惯例，使用指定符号或字母对其加以标注的过程（梁喜涛和顾磊，2015）。在中文文本中，大多数词语只有一个词性，或者出现次数最多的词性远大于出现次数第二的词性。因此，与英文文本相比，中文文本的词性标注复杂度小很多。就本书而言，词性标注的最终目的是提取句子中的关键信息，将其作为语义基元，进而分析社交媒体数据。

3.2　数据采集与预处理

3.2.1　数据采集

本书的研究数据来自中国社交媒体网站——新浪微博，数据爬取了使用 python 编写的 scrapy 应用框架。scrapy 最初是为了网络爬虫而编写的，其优点是任何人都可以根据自己的实际需要进行功能扩展，丰富的库函数为爬虫代码的编写提供了极大的便利。本书在此基础上进行了微博爬虫的定制，对指定关键词的微博数据进行爬取，爬取字段信息包括微博内容、发布时间、地点转发数、收藏数等，自卑情绪数据爬取结果如图 3-1 所示。此外，还爬取了用户信息字段，包括用户 id、用户名、性别、年龄、个人简介、城市信息、粉丝数、认证信息等。

对于爬虫关键字的选择，需要特别说明。我们长期跟踪研究新浪微博中与自卑情绪相关的帖子发现，此类帖子大概可以分为两类：第一类，帖子内容本身包含了关键词"自卑"；第二类，微博内容并未包含关键词"自卑"，但帖子内容透露出极高的自卑情绪。究其原因，前者大都意识到自己的自卑，而后者大多没有意识到自己被自卑情绪困扰。因此，仅仅基于关键词搜索并不能搜索到未包含"自卑"一词但有表现出自卑情绪的微博。所以，对于含有"自卑"一词的微博，我们直接利用关键词搜索；而对于未包含"自卑"关键词，但是内容透露出极高的自卑情绪的微博，本书使用基于本体形式化分析的方法定义爬虫关键字，获取数据（目前，基于本体的形式化分析方法被广泛用于语义消歧、概念匹配、语义网构建以及信息架构等相关研究，并取得了良好的社会效益和经济效益）（Janowicz，2012；Li 等，2015；Li 等，2017）。具体步骤如下：

第一，以"自卑"作为第一关键词，检索显性自卑用户微博。第二，基于三本比较权威的中文词典和百度百科中对"自卑"的定义（表 3-1），进行"自卑"概念的语义分析。综合表 3-1 中的定义，本研究认为自卑指"轻视自己，以为自己不如别人；伴随着低落、悲伤等情绪"。语义分析图谱如图 3-2 所示。第三，运用哈尔滨工业大学研发的语言技术平台（LTP）对"自卑"（B1）的定义进行语义分析，确定其具有的本体属性：自己不如别人、低落、悲伤。为了能比较全面地搜索出第二步中的数据，本研究将属性词的同义词纳入搜索关键词（表 3-2）。第四，确定其检索关键词为：

$$B1 \cup (A1 \cap A2 \cap A3 \cap (A4 \cup A5)) \qquad (3-1)$$

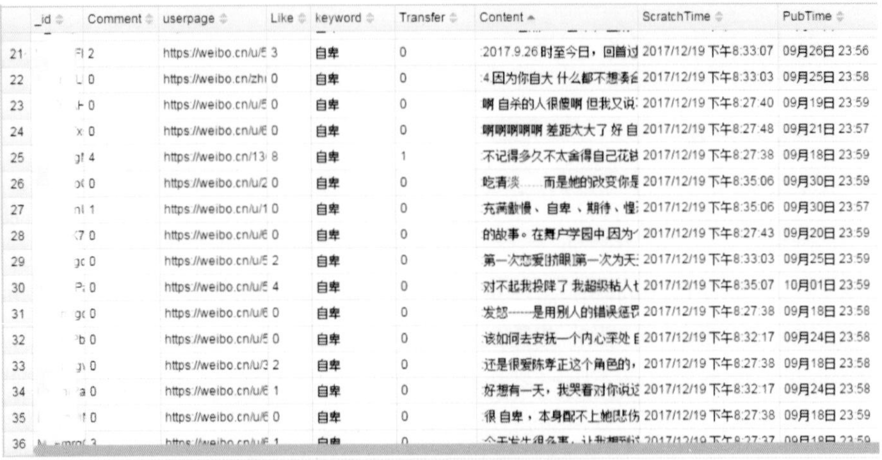

图 3-1　自卑情绪数据爬取结果

表 3-1　"自卑"的定义

来源	定义
人典	个人自认为在某方面或几个方面不如别人的心理
辞海	自己卑贱。后专指轻视自己，以为不如别人。个体遭遇挫折、无法达成目标时的无力感、无助感及对自己失望的心态
现代汉语词典	轻视自己，认为不如别人
百度百科	自卑是一种不能自助和软弱的复杂情感。自卑的人低估自己的能力，觉得自己各方面不如人，是一种性格上的缺陷

表 3-2　"自卑"属性表

特征词	同义词	分组
认为	以为、觉得	A1
自己	本人、自身、本身、我	A2
不如	比不过	A3
别人	他、她、他/她们	A4
低落	低迷、沮丧、颓唐、萎靡、消沉	A5
悲伤	心酸、悲戚、伤感、悲哀、哀思、酸楚、哀伤、衰颓、哀痛、沉痛、不快、哀悼、难过、痛苦、颓丧、伤心、懊丧、痛心、悲痛、凄怆、颓废、辛酸、沮丧、悲恸	A6

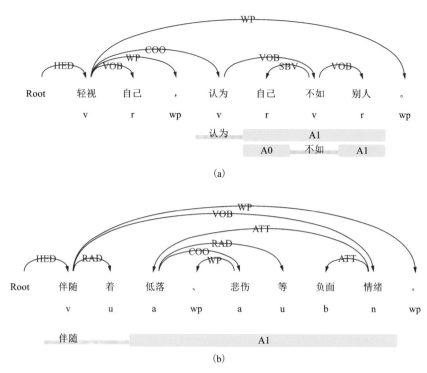

图 3-2　"自卑"概念语义分析图谱

3.2.2　数据预处理

本研究检索了所有微博用户于 2011 年 1 月 1 日—2018 年 1 月 1 日发布的微博。为了过滤掉噪声（比如一些恶俗的营销号），我们设置了信息抓取阈值，具体为微博数量小于 5000 条，粉丝数量小于 5000 个，关注数量小于 5000 个，最后共爬取微博 238 万条。

根据之前的相关研究，下载的数据中并不是所有帖子都与研究主题相关。因此，有必要建立一个文本分类器，过滤掉与本研究不相干的帖子（Tian 等，2016）。笔者研究团队中，有 5 位具有心理学相关研究背景的成员，其中 4 位被分为两组，独立标注 2000 个帖子，每个帖子的标注都必须是两位组员协商的结果，若某个帖子的标注不能达成一致意见，则第 5 位研究人员加入讨论，最后投票决定。起初，我们选择了 3 种基于深度学习的分类算法（卷积神经网络、循环神经网络、SVM）用于构建监督分类，并采用十字交叉验证来评估这 3 种算法的准确性。实验结果表明，SVM 标注的准确率较高，达到 83.02%。所以本研究选用卷积神经网络分类器对 238 万条数据进行分类，以识别目标帖子。最后，有 120 余万条帖子被用于研究。

3.3 自卑主题分类

将 120 余万条来自 2011—2017 年的帖子，按年份分为 7 层，每层随机抽取 200 条(共 1400 条)帖子用于主题识别。笔者研究团队中的两名有着丰富心理学研究经验的成员对这 1400 条帖子进行了讨论，然后确定出现主题，建立码本，并将每一条帖子归类到码本。最后，为了验证编码一致性，研究组第三名成员随机挑选 140 条帖子进行分类，进行判读，并使用 Kappa 系数对分类码本的一致性进行评估。

Kappa 系数是定性分类项目中衡量分类精度的常用指标，数学表达式为：

$$k = \frac{p_o - p_e}{1 - p_e} \tag{3-2}$$

式中：$p_o = \sum_i p_{ii}$，表示观测一致性；$p_{ii} = \frac{c_{ii}}{n}$；$c_{ii}$ 为实际观测一致的值的数量；n 为观测总数；$p_e = \sum_i a_i b_i$，表示两个分类人员由某种偶然的原因所造成的一致性，又称为期望一致性。

k 的取值结果判读如下：

(1)当 $k = -1$ 时，两次判断结果完全不一致；

(2)当 $k \in (-1, 0)$ 时，两次判断结果的一致性程度小于随机产生的一致性，分类结果无意义；

(3)当 $k = 0$ 时，两次判断结果的一致性是随机产生的；

(4)当 $k \in (0, 0.4]$ 时，两次判断结果具有较低的一致性；

(5)当 $k \in (0.4, 0.6]$ 时，两次判断结果具有中等一致性；

(6)当 $k \in (0.6, 0.8]$ 时，两次判断结果具有高度一致性；

(7)当 $k \in (0.8, 1]$ 时，两次判断结果几乎完全一致。

基于以上判定原则，本研究利用 Kappa 系数进行一致性检验的结果为：①披露自卑($k = 0.7761$)；②表达情感($k = 0.6832$)；③寻求帮助($k = 0.7508$)；④揭露可能的原因($k = 0.7569$)；⑤描述自卑的表现及结果($k = 0.6503$)；⑥戒掉自卑($k = 0.8512$)。

3.4 基于语义基元的自卑原因分析

通过本章 3.3 节的分析可知，很多帖子披露了自卑的原因。对社交媒体中揭露自卑情绪原因的帖子进行分析，有助于相关医疗科研机构或组织了解自卑个体的特点，设计有效的干预治疗方案，从而发现并帮助潜在的自卑个体。

　　本研究采用分层抽样法，从每一年的帖子中随机抽取 200 条帖子，总共随机抽取了 1400 条帖子用于自卑原因的分析。笔者研究团队中两个具有心理学专业背景的研究成员对每一个帖子的自卑原因进行了仔细阅读，并对其进行了编码。编码情况如下：①身体原因造成的自卑（$k=0.8027$）；②爱情原因造成的自卑（$k=0.6835$）；③家庭原因造成的自卑（$k=0.6509$）；④个性原因造成的自卑（$k=0.7105$）；⑤经历原因造成的自卑（$k=0.7731$）；⑥社交原因造成的自卑（$k=0.7012$）；⑦学习原因造成的自卑（$k=0.8916$）；⑧能力原因造成的自卑（$k=0.7531$）。

　　为了对每一类揭示自卑原因的帖子进行深入的分析，本书将对自卑情绪语义基元进行探讨。对于某一个具体的领域或主题而言，领域知识或主题信息是隐含在语义基元背后的语义信息。换句话说，要想获得真正反映该领域或主题的语义基元，必须有该领域的专业知识背景。因此，本书以本章 3.2 节采集的自卑情绪相关数据构建背景知识语料库，以用本节介绍的方法人工标注的揭露自卑原因的帖子构建领域知识语料库。对于背景数据，我们利用 Google 公司开发的 Word2Vec 构建自卑微博数据词向量模型。对于领域数据，我们首先利用 Jieba 分词工具将每一条微博数据分解成句子序列，进而将每一个句子分成词的序列并标注词性。在此基础上，运用构建的 Word2Vec 模型将词序列翻译成高维词向量。然后利用本书提出的基于文本关联的语义基元提取算法提取领域知识语料库的语义基元。需要注意的是，此时提取的语义基元是高维向量，要想对其进行直观展示，必须进行降维处理。最后利用 t-SNE 算法对提取的语义高维度的基元进行降维处理，并进行 Kernel 核密度分析，将其制作成语义图谱，用于后续的语义分析研究。具体步骤如图 3-3 所示。

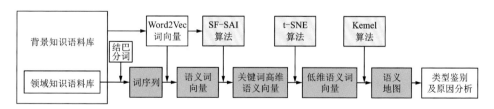

图 3-3　自卑情绪数据语义分析流程图

　　下面就图 3-3 所涉及的各部分进行详细的讲解。

3.4.1　语义基元定义

自然语言作为人类沟通交流的载体，在人类文明及发展过程中发挥着重要的作用。人类思考的过程，本质上是利用一定的逻辑思维模式对语言进行组织构建，并使用自然语言或文字将思想表征出来的过程。语言文字表征了说话人的特征及价值观念。通过对语言语义进行分析，可以了解说话人想表达的主题、类别和相似度等语义信息，进而明确说话人的意图。自然语言中任何复杂的语句都可以还原为一个个具有独立语义的词汇的排列组合。同时，任何一个词汇都可以用一个大约由 60 个原始词汇组成的句子来描述或定义。具有这种特征的词汇通常被称作语义基元。

"基元"最初是自然科学领域的概念，是构成种物质的基本单位，后来被引入语言学研究领域。早在 17 世纪，诸如笛卡儿等一批优秀的哲学家就先后研究过"语义基元"。20 世纪 40 年代，丹麦语言学家叶姆斯列夫提出了是否能通过对句子中的单词进行分析，从而挖掘出深层次的语义信息的设想。20 世纪 50 年代，美国人类学家朗斯伯里和古德内夫受自然语言声音系统特征研究的启发，在做亲属相关的词汇研究时，提出了语义基元的分析法。20 世纪 60 年代，美国人卡兹和福德将语义基元分析法生成转换语法，引起了广泛的关注。1972 年，安娜·威尔兹彼卡提出任何一个人类语言都有一个核心，这个核心就是语义基元（李炯英，2006）。Roger Schank 认为人类的大脑中天然地存在着某种概念，这种概念的存在使人类对语言的理解过程变成了语句到概念的配准过程。他提出，可以用 11 个动作基元和 12 个状态基元表示自然语言的所有动作和状态，并以这些基元为核心，解析句子中其他成分与基元的各种从属关系，把隐含在句子中的语义信息表露出来（冯丽，2012）。进入 21 世纪，语义基元被广泛用于跨领域研究，例如 Kuhn 教授以自然语言表述的文本资料为数据源，通过语义基元分析，设计并实现了一套构建地理信息领域本体的方法，并通过对德国交通标准规范中的关键词及其语义内涵的分析，从交通领域资料中提取出应用于汽车导航的领域本体（Kuhn，2001；Kuhn，2002）。此后，Kuhn 和 Raubal 提出了语义参考系统（semantic reference systems）的概念（Kuhn and Raubal，2003）。Baglatzi 和 Kuhn 则进一步运用概念空间（conceptual space）的相关理论与方法，将基于语义基元分析的语义参考系统运用到不同土地管理系统的实例对象语义转换工作中（Baglatzi and Kuhn，2013）。

近年来，伴随着信息查询与检索的高度自动化、智能化，知识的获取与交流已从人与人之间发展为人与计算机之间（甚至计算机与计算机之间）。如何让计算机准确地提取、理解并学习人类已总结出的文本知识，成为了人工智能领域亟待解决的问题。知识获取(knowledge acquisition)相关研究理论就是在这样的大背景下提出的,其主要研究多源异构知识提取及结构化建模(Kuai 等,2016)。本章从所研究的自卑微博数据文本出发,提取出其中重要的、可用于描述某一具体帖子特征的语义基元信息,为后续自卑情绪数据语义的结构化、形式化提供数据支撑。

为了直观地描述语义基元的定义,本书通过对《辞海》《人典》以及百度百科中的自卑定义进行归纳总结,结合专家支持的方法,对本书总结的"自卑"概念的语义基元进行了人工提取,并根据实例给出了语义基元的定义,从而为之后基于语义关联的计算机语义基元自动化提取提供了参考。

《辞海》中关于"自卑"概念的定义如下:

自卑:指轻视自己,以为不如别人;伴随着低落、悲伤等情绪。

在"自卑"概念的定义中,用于描述其属性特征的词汇或短语包括:

$$【轻视自己】+【不如别人】+【情绪低落】+【悲伤】$$

以上词汇及短语均为用于描述"自卑"概念属性特征的语义信息,本书将这些表征具体的概念(或文章主题)的词汇(或短语)统称为语义基元(semantic primitives),其具体定义如下:

给定文本 T(text),存在一组词汇或短语集合 $S(a_1, a_2, a_3, \cdots, a_n)$,使得文本 T 所描述的涉及文本主题特征的语义信息可由集合 $S(a_1, a_2, a_3, \cdots, a_n)$ 的语义信息表征,则集合 $S(a_1, a_2, a_3, \cdots, a_n)$ 中所包含的词汇及短语,即为描述该文本语义内涵的语义基元,用数学公式表达如下:

$$S_{a_i} = \{a_i \mid \exists S(a_1, a_2, a_3 \cdots, a_n), \text{Semantic}[S(a_1, a_2, a_3 \cdots, a_n)] \equiv S(T)\}$$

$$(3-3)$$

式中:Semantic(A)表示文本 A 的语义信息;a_i 表示特定文本中的某项词汇或短语;S_{a_i} 表示特定文本的语义基元。

下节将利用自然语言处理的相关理论和基于语义关联的语义基元提取算法,实现对自卑情绪微博文本语义基元的提取。

3.4.2　语义基元提取关键技术

本章主要采用自然语言处理相关理论方法,针对自卑情绪微博文本中揭露自卑原因的数据进行深入的语义分析,下面对本章涉及的一些自然语言处理的关键技术,如去除停止词、自然语言分词处理和词性标注等进行详细的介绍。

3.4.2.1　去除停止词

在中文文本中,存在大量的助词、副词、介词、连接词,其中最为常见的有"的""在""嗯""也""它"等。这类词自身并无明确的意义,通常只有将其放入一个完整的句子才有一定作用,但是这些词在文本中出现的频率非常高,在进行自然语言处理时，若对所有这类词汇进行分析与处理，会消耗大量的资源，造成不必要的开销和时间损耗（李良炎，2004；李超，2017）。因此，为了提高文本处理效率和节省存储空间，通常要将这些词过滤掉，这类词被称为停止词。

虽然目前已经有成熟的停止词表，但考虑到本书的研究目的，不能直接套用现有的停止词表，而必须在此基础上做相应的修改，使其符合本研究特点。比如，在传统的停止词表中，"不"是一个停止词，如果我们直接套用现有停用词，那么当文中出现"不自信""不高兴"之类的词时，根据现有的停止词表，它们会被分成"自信"和"高兴"，这就与文中所表达的意思截然相反了。另外，本书对自卑情绪相关微博数据进行的语义分析并不涉及地名地址，因此，本书也将其加入了停止词表。

将网络热词、地名地址和一些可能引起分词后意思改变的前缀词或后缀词从停止词表中抽出后，我们构建了满足本章要求的停止词表，以为后续的语义分析研究做准备，如图 3-4 所示。

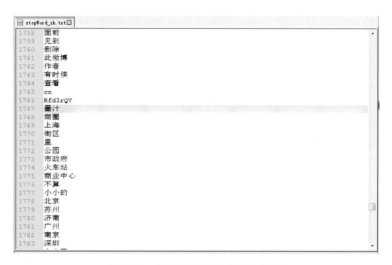

图 3-4　笔者团队构建的停止词表

3.4.2.2　自然语言分词处理

自然语言分词技术就是将一段由连续字符串组成的文本，按照一定的语言规则要求，分割成若干个具有独立语义信息词汇的技术。对于大多数西方的拼音语言而言，词与词之间有分隔符隔开，不需要再去做分词处理。但对于一些亚洲国家的语言（如中国、日本等）而言，语言的表达来自字与字之间的排列组合，具有独立语义的词汇则由一个或多个连续的字组成，没有分隔符标识，且词与词之间的语义是隐含的，所以，对此类语言文本进行处理时，首要步骤是进行分词处理。

下面我们仍然以"自卑"的概念为例，对分词结果进行演示。

概念：自卑。

定义：指轻视自己，以为自己不如别人；伴随着低落、悲伤等情绪。

分词结果：

【轻视】+【自己】+【，】+【以为】+【自己】+【不如】+【别人】+【；】+【伴随】+【着】+【情绪】+【低落】+【、】+【悲伤】+【等】+【情绪】+【。】

以上是本书针对"自卑"概念手动分析的结果。但在实际的研究和生产中，语言文本量往往巨大，以至于无法手动完成，必须借助计算机。现有的计算机分词方法主要有三大类：基于语料库匹配的分词方法、基于知识理解的分词方法，以及基于统计的分词方法（胡凯，2017）。其中，基于语料库匹配的分词方法是将文本作为一个词序列，与语料库中的词进行比对，若在语料库中能找到相应的词，则视为识别出一个词，就要进行分词处理。其优点是速度快，但对于有歧义或语料库中没有的词处理效果欠佳。基于知识理解的分词方法是通过句法和语法解析等技术方法，让机器通过学习模拟人脑对句子的理解，进而进行分词或处理歧义。该方法需要大量的语言知识，但考虑到人类语言的复杂性，目前还不能将所有的语言规则和信息都处理成机器能够理解的形式，所以该方法目前还处于实验阶段。基于统计的分词方法是目前常用的分词方法，该方法需要给出已分词的文本作为机器学习的训练样本，利用机器学习算法对其进行训练，模型训练好后，再利用该模型对未知的文本进行处理。它的优点在于分词速度快、效率高，并容易发现有切分歧义的词。

基于上述算法，很多中文分词包被开发并投入使用。考虑到社交媒体数据用词多样、话题种类繁多，并时常包含繁体字、错别字及网络热词等特征，本书选用结巴分词工具对其进行分词处理。首先，结巴分词工具自带一个基于统计的前缀词典，并根据词典，对输入的文本进行切分，得到所有可能的切分组合。更重要的是，对于词典里没有的词，结巴分词工具也可根据 HMM 模型，使用 Viterbi 算法进行分词。其次，结巴分词工具能基于词频识别出最大切分组合，而且 Viterbi 算法可以在很大程度上消除语言上的歧义。最后，结巴分词工具支持繁体分词、自定义词典。近来也有研究表明，对微博数据进行分词时，结巴分词工具相比其他分词工具，有更高的精度。

3.4.2.3　词性标注

词性标注是指在进行文本处理时，根据文本上下文内容和词性的定义，对文本中的每一个词标注正确的语法属性，并将该属性添加到文本中的相应位置。经过词性标注的语料库可用于信息检索、语义分析以及从语料库中提取语法相关信息。这项工作最初是手动完成的，用于教学龄儿童识别单词的词性，如名词、动词、形容词、副词等。对于英文文本，一般可根据单词的意思将其词性准确标出，标注工作相对简单。而对于中文文本，在不同的上下文语境下，同一个词的词性往往会有差异。例如：

（1）国家的发展，需要大家共同努力。

（2）发展经济将有助于国家的建设。

从上面两个句子不难看出，同样是"发展"一词，其在第一句中作名词使用，而在第二句中作动词使用。

在计算机自然语言处理领域，词性标注是基础性工作，一般是根据一定的标注算法，处理已分词的文本。现有的词性标注算法大致包括基于统计模型的词性标注方法、基于规则的词性标注方法、统计方法与规则方法相结合的词性标注方法。基于规则的词性标注方法能够充分利用语言学研究的成果，总结出有用的规则，然后利用总结的规则在实际工作中消除歧义。但是规则的总结无法通过机器学习等手段自动获取，需要人工完成，而人工标注又很难把握力度。该方法没有考虑上下文的关系，而仅依靠规则进行词性标注，在实际操作中难免出现歧义。基于统计模型的词性标注方法的规则是利用机器学习的方法对大规模语料库进行训练而得到的，标注结果有较高的一致性和覆盖率，是被广泛采用的词性标注方法（梁喜涛和顾磊，2015）。

基于以上理论方法，现已开发出很多效果较好的词性标注工具，本研究选取了结巴自然语言处理工具包。结巴分词工具采用了北京大学计算语言学研究所的词性标注数据集，并使用基于统计模型的词性标注方法为用户提供词性标注服务。表3-3为结巴中文词性标注表（部分）。

下节将介绍如何运用已进行去除停止词、分析和词性标注处理的自卑微博数据文本构建词向量模型。

表 3-3　结巴中文词性标注表（部分）

词性	序号	词性标注	英文名	词性
形容词	1	ag	adjective morpheme	形容词性语素
	2	a	adjective	形容词
	3	ad	auxiliary adjective	副形词（作状语的形容词）
	4	an	noun-adjective	名形词（名词功能的形容词）
连词	5	c	conjunction	连词
副语素	6	dg	adverb-morpheme	副语性语素
副词	7	d	adverb	副词
叹词	8	e	exclamation	感叹词

续表3-3

词性	序号	词性标注	英文名	词性
方位词	9	f	noun of locality	方位词
成语	10	i	idiom	成语
数词	12	m	numeral	数词
名词	13	ng	noun morpheme	名语素
	14	n	noun	名词
	15	nr	personal name	人名
	16	ns	locative word	地名
	17	nt	organization/group name	机构团体
	18	nz	other proper noun	其他专名
拟声词	19	o	onomatopoeia	拟声词
介词	20	p	prepositional	介词
量词	21	q	quantity	量词
代词	22	r	pronoun	代词
处所词	23	s	space	处所词
时间词	24	tg	time morpheme	时语素（表示时间的语素）
	25	t	time word	时间词
助词	26	u	auxiliary	助词
动词	27	vg	verb morpheme	动词性语素
	28	v	verb	动词
	29	vd	auxiliary verb	副动词（作状语的动词）
	30	vn	noun-verb	名动词
语气词	32	x	non-morpheme character	非语素字
	33	y	modal particle	语气词

（结巴分词, 2016）

3.4.3　自卑情绪词向量模型构建

3.4.3.1　Word2Vec 模型

Word2Vec 是 Google 公司发布的一款自然语言处理工具，它对语言学中的一些传统模型进行了扩展，可以在上亿数据集上无监督地进行高效快速的训练，实现更细粒度的单词级别的信息提取（Bertin 等，2016）。Word2Vec 的主要原理是通过一定的算法或方式重构单词的语境，将每一个单词映射到几十甚至几百维的语义向量空间中，使语料库中有相似上下文语境的词在语义向量空间彼此接近。从 Word2Vec 发布之日起，很多研究者就对其算法进行了分析和解释。他们的分析结果表明，Word2Vec 创建的词向量与其他算法创建的词向量相比，在潜在语义分析等方面具有明显的优势（Mikolov 等，2013）。

Word2Vec 包含了 CBOW（continuous bag-of-words）和 Skip-Gram 两个模型，如图 3-5 所示。其中，CBOW 模型的中文名称为连续词袋模型，它通过目标单词的上下文语境来预测目标单词及其含义，上下文单词的顺序不会对预测结果产生影响。CBOW 的输入是与某一个目标词的上下文相关的词对应的词向量，输出则是这个目标词的词向量。Skip-Gram 模型和 CBOW 的思路恰好相反，即输入是某一目标单词的词向量，输出则是目标单词对应的上下文词向量，它主要是通过对目标单词的理解来预测该单词的上下文单词。两个模型的差异主要来自模型的精度和训练的效率。

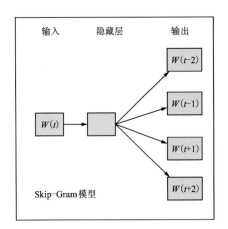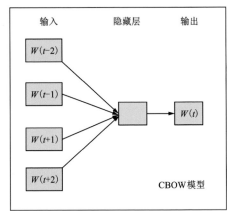

图 3-5　Skip-Gram 模型和 CBOW 模型

在中文语言处理研究方面，Word2Vec 的应用也十分广泛，例如微博文本分类（张谦等，2017）、微博情感分析（李锐等，2017）、中文文本聚类（郑文超和徐鹏，2013）、Word2Vec 的工作原理（周练，2015）、关键词提取（李跃鹏等，2015；Hu 等，2018b）等。最近的研究表明，自然语言语义研究未来的发展方向是规则和统计方法的融合（秦春秀等，2014）。以上这些研究提出的方法和理论为本书的研究提供了理论和技术支持。本书中使用的基于语义关联的语义基元提取算法，将用到 Word2Vec 构建的词向量模型。

3.4.3.2　基于 Word2Vec 的自卑词向量模型构建

正如 3.4.3.1 小节所述，Word2Vec 可将语料库中的单词映射到高维语义向量空间，使每个单词表示为形如(0, 0, 1…, 0)的几百维的向量。经过 Word2Vec 处理的语料库是以共词矩阵的形式存储和呈现的，其优点是结构紧密、运算效率高。考虑到计算效率和语义相似性计算建模精度，本研究中，我们选择 Skip-Gram 模型进行训练，建模及数据预处理工作流程如图 3-6 所示。

本书 Word2Vec 模型构建及数据预处理工作流程主要分为两部分：

（1）构建背景知识语料库词向量模型。首先，对经过预处理的自卑情绪数据的语义描述进行整合，构建背景知识语料库。接着，对背景知识语料库中的每条信息进行语义分割，生成词序列，导入 Word2Vec 词向量模型，运用 Skip-Gram 算法进行训练，训练的输出为背景知识语料库中词汇、短语的高维词向量模型库，词汇、短语的相似度隐含在 Word2Vec 词向量模型库中。本研究中，我们经过反复实验，发现映射成 400 维的词向量时模型精度最高，故我们决定将每个单词映射到 400 维的词向量语义空间中。

（2）构建领域知识语料库词向量模型。对于领域数据（本研究为描述自卑原因的数据），首先进行语义整合，然后进行语义分割（分割成词序列），经过语义分割处理后，通过前面一步构建的 Word2Vec 词向量模型，将领域知识语料库中的词序列映射到 400 维的词向量语义空间，为下文基于文本关联的语义基元提取工作做数据准备。

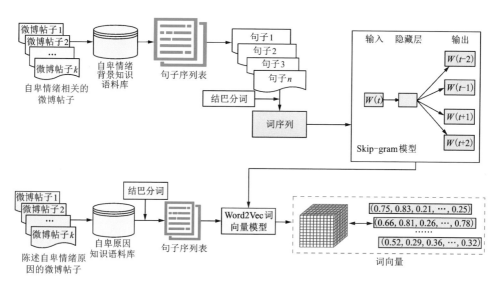

图 3-6　Word2Vec 建模及数据预处理工作流程图（Hu 等，2018）

3.4.4　基于文本关联的语义基元提取

从数量的角度看，某个特定的语义基元在领域出现次数越多，则该语义基元越重要，越能代表该领域的知识。然而，近来的研究发现，出现频次最高的关键词很多时候并不能代表领域知识。尤其对某一具体领域的研究来说，出现频次最高的语义基元虽具有概括性，但缺乏领域代表性（Hu 等，2018b）。所以，如何找到出现频次不高，但又能尽可能多地展现更多领域细节的语义基元提取算法是本研究的关键。

TF-IDF（term frequency-inverse document frequency）是一种提取语义基元的算法。TF 表示词频（term frequency），IDF（inverse document frequency）是指逆文本频率指数。TF-IDF 的计算思想是如果某个词在某篇文章或语料库中出现的频次较高，但在其他文章或语料库中出现的频次较低，则该词的 TF-IDF 值较高，表明这个词在这篇文章中很重要。TF-IDF 的计算公式如下：

$$TF\text{-}IDF = n(i,j) \times \lg \frac{n(\text{all})}{n(i,\text{all})+1} \tag{3-4}$$

TF-IDF 算法在使用时有一特点：当文本或背景知识语料库中的语义基元数量减少时，IDF 的功能将得到加强，但当语料库过大时，TF 和 TF-IDF 方法的结果表现非常相似（Chen and Xiao，2016）。针对 TF-IDF 算法的不足，有学者提出了 TF-KAI 算法，它改进了 TF-IDF 的对数运算部分，增强了 KAI 的过滤能力，从而提高了对背景知识的发现能力。TF-KAI 的计算公式如下：

$$TF\text{-}KAI = \frac{n(i,j)^2}{n(j)} \times \frac{n(\text{all})}{n(i,\text{all})} \sim n(i,j)^2 \times \frac{n(\text{all})}{n(i,\text{all})} \tag{3-5}$$

TF-KAI（term frequency-keyword active Index）算法的提出，很大程度上解决了找到出现频次不高但又比较有代表性的语义基元的难题，然而，它没有考虑语义基元之间的关联性和相似性。例如，本研究的语料库中出现的"焦虑"一词。"焦虑"是指由紧张、不安、焦急、忧虑、担心、恐惧等感受交织而成的复杂情绪状态，包含着急、挂念、忧愁、紧张、恐慌、不安等成分。意思相近的表达有焦灼、焦急、焦炙、忧虑、心焦、焦躁等（吴俊和翁义明，2008）。如果仅从词语出现的频次考虑，这些词会被作为不同的词来统计，从而使该词所表达的含义重要性受到影响。

近年来的研究发现，专业领域中的语义基元不应该只是文本中的显式关键词，还应该包括隐藏在语义基元后面的语义信息，但无论是 TF-IDF 算法还是 TF-KAI 算法都未充分考虑到这一点。后来有学者提出将词频 TF 扩展为语义词频（semantic frequency，SF），将 IDF 扩展为语义逆文本频率（semantic inverse document frequency，SIDF），将 KAI 扩展为语义活跃度索引（semantic active index，SAI）（胡凯，2017），并提出了 SF-SIDF 算法（semantic frequency-semantic inverse document frequency）和 SF-SAI 算法，其数学公式分别表示如下：

$$SF\text{-}SIDF = n(i_{C\_corpus}, j)^2 \times \lg \frac{n(all)}{n(i_{All\_corpus}, all)+1} \tag{3-6}$$

$$SF\text{-}SAI = n(i_{C\_corpus}, j)^2 \times \frac{n(all)}{n(i_{All\_corpus}, all)+1} \tag{3-7}$$

式（3-6）和式（3-7）中：$n(i_{C\_corpus}, j)$ 为关键词 i 及其相似关键词在第 j 个文本中出现的次数；$n(all)$ 为语料库中的文本数量；$n(i_{All\_corpus}, all)$ 为关键词 i 及其相似关键词在语料库所有文章中出现的次数。其中，$n(i_{C\_corpus}, j)$ 和 $n(i_{All\_corpus}, all)$ 的数学表达式如下：

$$n(i_{C\_corpus}, j) = \sum \{termword\_num(i) \mid \cos(i, k) > s, k \in j, j \in C\_corpus\} \tag{3-8}$$

$$n(i_{All\_corpus}, all) = \sum \{C\_corpus\_num(i) \mid \cos(i, d) > s, d \in all, all \in All\_corpus\} \tag{3-9}$$

虽然 SF-SIDF 和 SF-SAI 都考虑了语义的相关性，但最近有学者对这两种算法做了详尽的性能分析。在对特定领域的语义基元提取过程中，当语料库较大时，SF-SAI 比 SF-SIDF 对特征语义基元的敏感性更高。考虑到本研究的特点，本书需要在顾及词频及专业背景相似性的前提下，抽取反映自卑原因的语义基元。为此，本书利用 3.3.3.2 小节提出的词向量构建方法，将背景知识语料库制作成 400 维的 Word2Vec 词向量模型，并在此基础上，将揭露自卑原因的微博中的每一个语义基元都通过 Word2Vec 模型映射到 400 维的词向量空间，与模型中的每个语义基元进行比对，以计算相似度，并使用 SF-SAI 算法抽取语义基元。具体到本研究的数据集，做如下说明：

式（3-8）、式（3-9）中，k 为第 j 篇微博中的任意一个关键词；d 为任意一类揭露自卑情绪原因的微博中任意一个关键词；s 为经验阈值；C_corpus 为任意一类揭露自卑情绪原因的微博；All_corpus 为所有揭露自卑情绪微博；$\cos(i, k)$ 表征关键词 i 与关键词 k 的相似度，由于每个单词都是 400 维的向量，所以本书通过测量两个向量内积空间的夹角的余弦值来度量它们之间的相似性，具体算法如下：

$$\cos\theta = \cos(\boldsymbol{i}, \boldsymbol{k}) = \frac{\sum_{r=1}^{n}(i_r \times k_r)}{\sqrt{\sum_{r=1}^{n} i_r^2} \times \sqrt{\sum_{r=1}^{n} k_r^2}} \tag{3-10}$$

式中：$\boldsymbol{i}$，$\boldsymbol{k}$ 均为 n 维向量；$\cos\theta \in [0, 1]$，0 表示两个词之间没有语义重叠，1 表示两个词语义相同。

本研究通过多次试验得出,当式(3-8)和式(3-9)中的语义相似阈值 s 为 0.90 时,可获得相对精确的语义相似性结果。因此,选取 SF-SAI 的值在前 30% 的词进行语义分析。

3.4.5　词向量降维可视化

根据本章 3.4.4 小节介绍的方法提取的语义基元是 400 维的,不能直观地展现语义基元的特征,且可读性差。要想进行进一步的研究,必须寻找适当的方法来提高语义基元的可读性。

在地理空间分析中,二维坐标可作为输入文本,每一个二维坐标在地理空间都被映射为一个二维空间中的点,二维空间中点的位置不同,包含的信息也不尽相同。受此启发,本书运用文本挖掘技术,通过降维算法将每个语义基元映射成二维空间中的点,以探讨自卑情绪的语义特征。

目前,常用的降维方法包括 t-分布领域嵌入算法(t-distributed stochastic neighbor embedding,t-SNE)、主成分分析法(principal component analysis,PCA)等。PCA 是通过某种线性变换将一组线性相关的高维变量转换为线性无关的低维向量并投影到低维空间中,在保证投影后的数据方差最大的同时尽可能多地保留原数据点的特性,但 PCA 不能解释特征之间的复杂多项式关系。t-SNE 是基于在邻域图上随机游走的概率分布,找到数据内部结构关系,是一种非线性降维算法。t-SNE 适用于高维数据的降维度可视化,它可将海量高维数据映射到适合于人们观察的两个或多个维度。经过 t-SNE 算法降维的数据能较好地保持结构特征,即在高维数据空间距离相近的点映射到低维空间时距离仍然相近(van der Maaten and Hinton,2008),并可用散点图直观地表示。

在本节,降维对象为基于 Word2Vec 生成的 400 维的词向量,考虑到 PCA 线性变化的属性无法对高维向量中不可解释的维度做出合理的变换,且高维向量所包含的特征维度与解释特征无法一一对应。因此,本研究采用 t-SNE 算法对 400 维的词向量进行降维处理,并将词向量映射到二维空间,部分结果如表 3-4 所示。

表 3-4　词向量降维处理结果节选

ID	语义基元	X	Y	英文名
1	傲气	-0.859604166	1.984212902	arrogant
2	倔强	0.643495166	-1.313592229	obstinate
3	天生	-0.573996029	-1.886607475	innate
4	偏执	1.278016735	-0.601750412	stubborn

续表3-4

ID	语义基元	X	Y	英文名
5	强势	0.515507556	1.197673322	mighty
6	功利	−1.143747358	0.450880872	benthamism
7	骗子	−1.37262951	0.895490501	fraud
8	无理	−0.612900011	−1.342502749	unreasonable
9	骄傲	−0.122557241	0.501880319	pride
10	自私	0.854270125	−0.839828016	selfishness

将降维后的语义基元坐标导入二维平面进行可视化，每个点代表一个语义基元。两个语义基元之间的距离与它们之间的语义相似性成正比。但仅仅可视化语义基元的异同是不够的，还要界定关键词的语义相似性程度，以便于理解潜在的语义空间关系。为了可视化语义的相似性程度，本研究使用 Kernel 密度分析算法关键词进行插值，以表示关键词的语义范围。

3.5　实验及分析

3.5.1　实验环境

本实验计算机的配置：操作系统为 Windows 7；处理器为 Intel Core i5-4670T @ 2.30GHz 四核；内存 16 GB；IDE 版本为 PyCharm Community Edition 2017. 2.3 x64。Word2Vec 的实现使用 gensim 主题模型算法工具包。

3.5.2　实验数据

本实验的数据集通过本章 3.2 节介绍的方法进行收集。帖子发布的时间范围为 2011 年 1 月 1 日—2018 年 1 月 1 日。爬取的字段包括：帖子内容、发布时间、地点、转发数、坐标、评论数、PoiId、发布工具、收藏数，用户 id、用户名、性别、年龄、个人简介、城市信息、粉丝数、认证信息等。经过本章 3.2.2 小节介绍的方法预处理后，共有 120 余万条数据用于构建 Word2Vec 词向量模型。其中，主题分析的数据来自用本章 3.3 节介绍的方法提取的 1400 条数据；自卑原因分析的数据来自用本章 3.3 节所介绍的方法抽取的 1400 条揭露自卑原因的数据。

3.5.3 实验结果与分析

3.5.3.1 主题分析

本研究随机抽取了 1400 条帖子，以研究在社交媒体中被提及最多的主题。自卑情绪主题分类结果如表 3-5 所示。

表 3-5　自卑情绪帖子主题分类

主题	帖子示例	帖子数量/条	数量占比/%
揭露自卑	我是个很自卑的人	166	11.83
表达感情	我太自卑了，不喜欢现在的自己，悲伤	339	24.20
寻求帮助	我从小就自卑，内心的自卑已深入骨髓，谁能告诉我如何克服	33	2.36
揭露原因	因为太丑，所以自卑/贫穷让我越来越自卑/喜欢人的第一反应就是自卑	462	33.01
结果及表现	因为自卑，所以才表现得不冷不热，让人难以靠近。/自卑，让我喜欢从别人的评价中认识自己，甚至不断改变自己去迎合别人，最后失去了自我	346	24.71
戒掉自卑	深深的自卑，要努力戒掉/通过这段时间的思考，我决定从明天开始，努力戒掉自卑，努力做一个积极向上的人	54	3.86

之前的研究表明，生活中，自卑个体大都伴随着内向、孤僻、寡言等特征，他(她)们不愿意与人交流，更别说向别人倾诉。但从表 3-5 中不难看出，33.01%(约 1/3)的帖子揭露了自卑原因；24.71%的帖子揭示了自卑及其带来的后果；24.2%的帖子揭示了自卑表现并表达了负面情绪，包括悲伤、失望、孤独等；只有2.36%帖子提到了求助。这表明使用社交媒体来识别和帮助经历自卑的个体是可行的，但自卑者内心也是矛盾的。一方面，他们的内心渴望与人交流情感、分享原因等；另一方面，自卑个体多伴有内向、孤僻、不愿与人交流等特征，感觉自卑难以启齿，不愿意求助于人。著名精神病学家阿德勒曾说过，如果自卑的人能够正确认识自我，就能超越自卑，从而解除自卑的束缚，取得成功。但本研究结果显示，只有 3.86%的人表露出要戒掉自卑的积极情绪，这暗示能通过自我调节、超越自卑的人是少数，他们需要必要的引导。

3.5.3.2 自卑原因分析

本书随机选择了 1400 条揭露自卑原因的帖子进行自卑原因分析。对这些帖子进行进一步编码，同时，提取发帖用户的性别信息，以探索帖子中表达的产生自卑情绪的原因,如表 3-6 所示。从表 3-6 中可以看出,由个人经历原因造成的自卑占比最大(270,19.29%),家庭原因造成的自卑占比最小(25,1.79%)。一个可能的原因是自卑的人对自己的关注较多,而对家庭等的关注较少。从性别上看,除了因经历产生自卑的男性比例高于女性外,其余原因产生自卑的女性均高于男性,但是,这不能说明女性比男性更容易自卑。一种可能的解释是,与男性相比,女性更容易在社交媒体上表达情感。

表 3-6　自卑原因统计表

原因	性别		总计(占比)	示例
	男	女		
学习	16	24	40(2.85%)	一天的课,生无可恋的微积分、计算机考试,还有每次上完都自卑的英语。每次上英语课都不敢看老师,真的好自卑
社交	35	75	110(7.86%)	每次在人多的场合都很自卑、很恐惧、很害怕。不敢和他们说话
爱情	131	116	247(17.64%)	女朋友是那么的优秀,和她比起来好自卑
家庭	10	15	25(1.79%)	我的家庭环境让我非常自卑,从小就这样
身体	67	194	261(18.64%)	从来没有人说我长得好,真的好自卑
能力	98	140	238(17%)	有时候对自己会失去很多信心,觉得自己特别没用,不如人家,越来越觉得自卑
个性	72	137	209(14.93%)	我是一个敏感的人,缺乏安全感和过分自卑
经历	143	127	270(19.29%)	童年的经历让我些许自卑。没有父母在身边,自己管理自己,像个野孩子

图 3-7 为学习方面的原因造成的自卑语义地图。图中的点是利用 SF-SAI 算法提取的语义基元,每个点代表一个语义基元,点越接近,对应词的语义基元含义就越相似;每个绿色区域代表一个语义空间,同一语义空间上,语义基元的语义相似性与其距离成反比。如果两个关键词重叠,表示它们是同义词(胡凯,2017)。必须注意的是,SF-SAI 提取的关键词是 400 维的向量,我们要先运用 t-SNE 算法将词向量降维到二维空间,然后,使用核密度分析方法,在二维平面上直观地表现语义基元间的语义距离。由于语义基元在语义空间中分布不均匀,语义基元的集群程度各不相同。

从图 3-7 中显示的结果来看,处于语义地图中心位置的语义基元为"论文""寝室""全班""作文""编程""本科毕业""文凭"。这些语义基元也从某一方面刻画出了当下在校学生的生活状态以及他们生活中容易导致困扰的原因。其中,

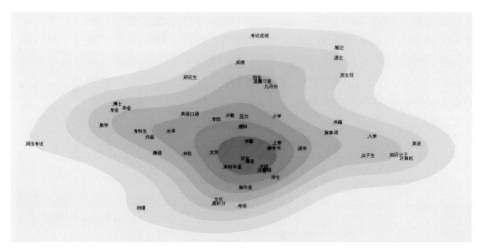

图 3-7   学习方面的原因造成的自卑语义地图

"论文"与"寝室"具有较为接近的语义距离；"全班""作文""编程"的语义距离也较为接近。而这 5 个语义基元位于语义空间的核心位置，体现出这些微博用户负面情绪产生的情景。例如，"寝室"和"全班"都是由人组成的集体，"论文""作文""编程"都是需要有一定的动手能力和研究探索以及创新能力才能完成的学习任务，基于此，可以做出的合理解释是，这些人与自卑相关的负面情绪的产生，受在校集体生活和学习过程中的动手能力、研究创新能力的影响十分显著，其中，个人学习能力方面的困扰是自卑心理产生的内因，而集体生活是造成学习自卑的一个重要外因。同理，"博士""专业""毕业"等语义基元位于同一个语义空间中距离较近的位置，这反映出，对于博士生这个群体来说，专业方面的问题和与毕业有关的困扰是他们面临的最大问题。近来有报道指出，毕业问题困扰着中国高校过半的博士生，看到同届博士们纷纷毕业，由于各种原因不能毕业的博士生难免自卑（刘文等，2016；李静月等，2017）。专业的选择关系着博士群体未来的就业方向及更长远的职业发展规划，有的专业在职场上"香喷喷"，有的专业却无人问津，因此，在求职过程中或在未来职业发展规划中因专业问题而受阻也是造成这部分人群产生自卑心理的主要原因。另外，"司法考试""考试成绩"等与考试相关的语义基元在语义地图上处于语义稀疏区域，这表明在学习方面，考试成绩等并不是产生自卑的主要原因。

　　此外，还有一个很有趣的现象，在语义空间中，"特长""音乐""自习室"三个语义基元的关系也十分接近，这表明这 3 个语义基元对于相关用户自卑心理的产生具有比较重要的影响。综合这几个词反映出来的意义可以推断，在学习方面，为数不少的人在个人发展方面存在一定的焦虑,比如个人综合能力的提升、特长才艺的学习,以及进入大学之后自主学习能力的培养锻炼等,都可能是促使这些个体产生自卑情绪的因素。

图 3-8 为社交原因造成的自卑语义地图,其中有两个语义密集区域,分别是"交流""精神""挫折""流眼泪"等语义基元组成的区域和"泪水""男友""内向"组成的区域。

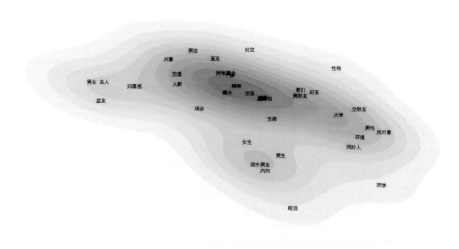

图 3-8 社交原因造成的自卑语义地图

"交流"处于语义地图的中心,是社交活动的核心,无论是面对面的对话还是通过社交媒体的互动,都是人们建立和维护社交关系的基础。与之紧密相关的"挫折"和"流眼泪"则揭示了因社交而自卑的个体在面对交流时的情感动态和心理状态。社交中的挫折感是自卑情绪的重要来源,当个体在交流中感到困难、被误解或忽视时,会产生强烈的挫败感,这种挫败感进一步强化了个体的自卑情绪。"流眼泪"作为情感表达的一种极端形式,通常发生在个体感到极度挫折、失望或无助时,反映了情绪的失控和脆弱(韩丕国,2006;陈丽莉等,2010)。

此外,"个体"与"同学聚会"在语义地图中距离接近,但"同学"在语义地图的边缘。个体在面对同学聚会时会产生强烈的自我关注和社交焦虑,担心自己的表现和外貌被同学评价。同学聚会是一种典型的社交场合,涉及过去的人际关系和社会比较,个体在这种场合中容易感到压力,特别是当他们认为自己在某些方面不如其他同学时。同学聚会会引发个体对过去的回忆,并与当前的自我认知和现实状况产生对比,若个体觉得自己没有达到预期的成就或地位,自卑感会更强烈。而"同学"处于语义地图的边缘，这可能是因为个体在表达自卑情绪时，更关注自身在社交情境中的表现和感受，而不是具体的同学个人。

在社交原因造成的自卑语义地图中，语义基元的分布呈现出"双核"的形式。其中，"泪水""内向"和"男友"三个语义基元形成了语义次密集区。泪水是自卑情绪的直接体现，特别是在社交场合中。内向性格的个体在社交活动中倾向于自我反省和内在情感的表达，容易对社交互动中的失败或不顺利感到挫败。同时，性别差异在社交中的影响也显而易见，女生和男生在社交中的表现和自卑情绪的体验不同，女生可能在表达自卑情绪时更直接和情绪化，而男生可能更隐晦。综上所述，这些因素共同作用，揭示了因社交而自卑的个体在情感表达、内向性格、性别差异方面的复杂互动关系。

图 3-9 为爱情原因造成的自卑语义地图。地图语义密集区域分布着"信任""花心""感情""备胎"和一些与情感关系定位有关的语义基元。有学者说，自卑是爱情的杀手。在面对爱情时，有些人不敢表达自己的情感，也不敢接受对方的爱意[本研究的语料库中，此类帖子如："一遇见喜欢的人就自卑，不敢和他(她)说话……"]，甚至因此产生焦虑等心理问题。而有些人在感情关系中缺乏安全感，从一开始就不信任对方，总觉得自己是"备胎"(此类帖子如："在一起两年了，……我一直感觉我只是个备胎……，我真的好自卑。")(流苏，2003；叶华奇，2011)。这些不安全感和不信任感都会导致个体在情感关系中产生自卑情绪(甚至自卑心理)。

值得注意的是，"女友"和"男友"是恋人间的称呼，但语义基元"女友"位于语义地图的中心位置，而"男朋友""男友"在语义稀疏区。这种现象可以归因于以下几个方面：首先，在表达自卑情绪时，个体可能更倾向于关注和描述与"女友"相关的情感和问题，男性会更频繁地提及"女友"以表达他们的无力感和挫败感；而女性更多关注内在感受和自我反思，导致"男友"或"男朋友"不在表达自卑情绪的中心词汇中。其次，社会和文化背景对性别角色的期望不同，男性在恋爱中被期待承担更多的责任和保护角色，因此在感到自卑时会更频繁地提及"女友"；而女性的自卑情绪更内向和隐晦。最后，社交媒体中的表达习惯差异也影响了语义基元的分布，男性会更直接地使用"女友"来表达情感和心理状态，而女性可能通过更间接的方式来表达她们的自卑情绪。

此外，与外貌相关的语义基元(如"颜值""美貌"等)并不在语义密集区，这种现象可能有以下几个原因：自卑情绪不仅仅由外貌引起，还包括个体的内在心理特质和社会交往中的体验，个体可能因为缺乏自信、过于敏感、害怕被拒绝等心理因素而在爱情中感到自卑。此外，在社交媒体上，用户可能更倾向于表达他们的情感和心理状态，而不是直接讨论外貌问题，这些话题可能被认为是敏感的或私人的。文化和社会背景也影响了这种现象，在某些文化中，内在特质如性格、智慧和幽默感在长期关系中被认为更加重要。恋爱关系中的实际体验，如感到不被重视、不被理解或缺乏沟通，常常比外貌问题更为普遍和重要。虽然外貌在初期吸引中可能占据重要地位，但在长期关系中，情感、沟通、理解和支持等因素更加关键。这些因素共同作用，使得外貌相关的语义基元在语义地图中处于相对次要的地位。

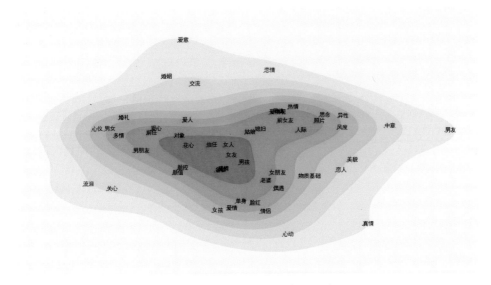

图 3-9 爱情原因造成的自卑语义地图

在家庭原因造成的自卑语义地图(图 3-10)中，"家境""疼爱"处于语义地图的中心位置，在家庭内部成员的关系中，"妹妹""弟弟"和"疼爱"的距离较近。考虑到社交媒体用户中，有很多年龄处于 20 岁左右的青年，随着中国"二胎"的逐渐放开，不少用户的家庭也进入"二胎"时代。在"弟弟""妹妹"等家庭新成员的出生和成长过程中，父母和其他家人难免会相对忽视已经成年或者接近成年的子女，这样的家庭环境变化，容易使年长的子女产生不平衡感，进而产生自卑等负面情绪。在表示家庭之间的相互比较关系的语义基元中，"身世""压力"与"同学"的距离较为接近，有研究表明，家境身世不好的人，特别是学生群体，往往会更容易在与同学的对比和交往中感到压力，进而产生自卑情绪。由此可见，家庭经济困难也是造成学生群体自卑的主要原因(杨柠蔚，2013)。"疼爱"与"全职太太"的距离较近，同时"全职太太""婆婆""存款"是图 3-10 中距离最近的 3 个语义基元。婆婆在本研究的语料库中多指儿媳妇对丈夫妈妈的称呼，而全职太太通常指没有工作或者辞去工作，主要精力用于教育孩子、照顾家人衣食起居的女性，又称家庭主妇。在中国，婆媳关系被普遍认为是最难相处的家庭关系。通常情况下，全职太太与婆婆的相处时间可能多于职业妇女(特别是有了小孩后)，因生活中的各种事(比如家庭的存款、小孩上学等问题)发生矛盾的概率也较大，因此，她们出现自卑等负面情绪的概率也较大(Matud and Bethencourt, 2000)。

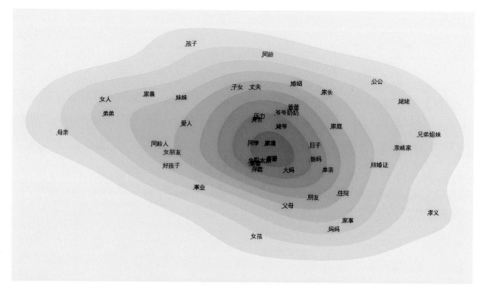

图 3-10　家庭原因造成的自卑语义地图

图 3-11 为身体原因造成的自卑语义地图。从图中可以看出，"赘肉""腹肌"在地图中心，且"腹肌""胖子""体态"的语义距离较小，表明人们对体重方面最为敏感。图 3-11 中有很多描述脸部相关部位的语义基元，如牙齿、口腔、眼睫毛、嘴唇等，可见人脸部相关部位的不完美也是导致自卑的原因之一。概括起来，由自身身体导致的自卑主要来自两方面：一是"赘肉""腹肌""平胸"等和身材相关的因素；二是"口腔""肠胃""视觉"等和生理疾病相关的因素。与之前的一般印象不同，本研究结果显示，与身高相关的语义基元并没有出现在语义密集区域，可见身高因素并不是身体自卑的主要原因。

近些年来的研究发现，某些曾经导致人们自卑的身体缺陷，反而有益于身体健康。比如图 3-11 中的"赘肉"等，人们常常把它看作身体上的缺陷而进行各种锻炼，以达到减掉赘肉的目的，进而改善身体的外在体型和内在血脂、血糖、血压等指标和心肺功能，从而促进身体健康。但一篇刊登在《临床内分泌与代谢》杂志的论文指出，腰部有适当的赘肉的女性，发生骨折的概率会降低，腰部脂肪每减少 1 千克，发生骨折的概率会增加 50%(王凯，2016)。因此，本研究认为，完美的身材没有统一的标准，完美的健康状态也很难存在于现实生活中，没有必要为某些不影响健康的身体缺陷而感到自卑，心态自信、身体健康才是最重要的。

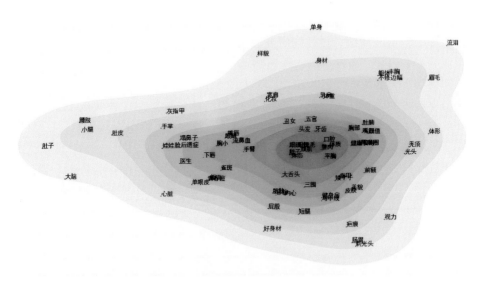

图 3-11 身体原因造成的自卑语义地图

在能力原因造成的自卑语义地图（图 3-12）中，"责任""压力""能力"处于语义密集区域，且三个语义基元的距离较近。借用生态风险评估领域的"压力–状态–响应"模型（PSR 模型），这三个语义基元也可以描述人在社会生活中的状态：压力（presure）表示社会生活给个人带来的各种问题，如经济压力、情感压力、个人需求压力等；责任（responsibility）则可以理解为每个人需要承担的社会义务，如家庭责任、工作责任等；而能力或者说力量（power）可以表示个人在社会生活中应对压力、承担责任时所需的各种技能，如工作能力、学习能力、社会交往能力等。这三个语义基元分别对应描述了个人综合能力的三个方面。

一般而言，能力不强的人对于环境的适应能力和面对挫折的应变能力也比较差，由于他们缺少应变能力，诸如失业、离异、疾病、失败等挫折会给他们带来比常人更大的心理压力。当遭受不公正的待遇时，这些人也通常会更加敏感，认为是别人瞧不起自己，难以忍受。此类人群的另一个特点是不敢承担责任，做事情时过分谨慎，害怕出错，缺乏勇敢尝试承担的勇气，一定要等到自认为万无一失的时候才行动（杨秀君，2014；赵颖莹，2017）。但这样做的结果就是承担不了自己应当承担的责任，进而造成对自己的否定，认为自己不能胜任任何工作，从而出现懈怠情绪或在工作中以消磨时光的心理去面对。另外，"职位"和"现实"的距离也非常接近，即这两个语义基元出现在同一篇文章的次数较多，本研究在翻阅了同时含有这两个语义基元的帖子后发现，此类人群中，大部分人对于自己的处境和职位都极不满意。这种对于现状的不满，也会导致这类人不能够客观理智地分析自身所面临的压力、所承担的责任和所具备的能力三个方面是否协调，不仅找不到改善的方法，还会对自我的状态做出错误的判断，进而产生包括自卑在内的多种心理负面情绪。过往的研究表明，能力与自卑是一个矛盾的统一体，能力很弱的人会自卑，而自卑的人普遍感觉自己能力低下。此类人群应在正确的自我认知前提下，重新进行自我定位，努力改变自身所处的困境；同时，对于已经产生自卑心理问题的人群，应当及时发现和治疗，避免在这种状况下进入恶性循环。

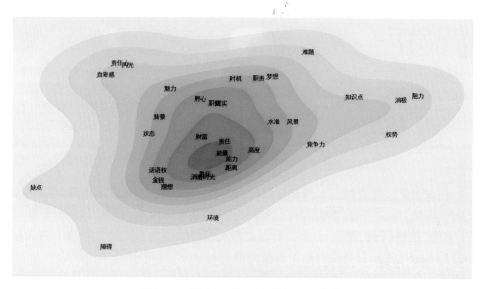

图 3-12　能力原因造成的自卑语义地图

　　图 3-13 为个性原因造成的自卑语义地图。该图语义基元数量最多，处于语义地图中心的语义基元有"亲和力""负面""情绪""脾气""不合群""怨念""小气"等。其中，"亲和力""负面""敏感""情绪"是语义地图中心位置距离最为接近的语义基元。

　　亲和力反映了个体在社会交往中的友善度和吸引他人的能力，自卑情绪常常使个体对自身亲和力产生怀疑，进而引发负面情绪，如焦虑和悲伤。敏感性使自卑个体对外界的评价和反馈异常敏感，任何负面评价都会被放大，并进一步强化负面情绪和自卑感。负面情绪是自卑情绪的重要组成部分，会导致个体长期处于情绪低落的状态，影响日常生活和社交能力。对社交反馈的敏感性加剧了他们的焦虑，使得他们在努力提高亲和力时更加不安和焦虑。这种复杂的互动关系解释了为什么这些语义基元在语义地图上距离相近，并有助于我们理解自卑情绪的成因，从而为心理干预提供了科学依据，能帮助个体改善心理状态，建立健康的自我认知和人际关系。

此外，"性格"与"思维"、"羁绊"与"悲观主义"的语义距离也非常相近。其中，"性格"与"思维"相近反映了个体性格特征与其思维方式之间的紧密联系。性格影响一个人的思维方式和认知模式。例如，性格内向的人可能更倾向于反思和内省，而性格外向的人可能更倾向于积极的外部互动。这种性格与思维方式的互动在自卑情绪中尤为明显，自卑者常常表现出内向、敏感和自我批判的性格特征，这些特征影响他们的思维方式，使他们更容易产生消极的自我评价和负面的认知模式。"羁绊"与"悲观主义"相近则反映了个人关系和情感经历对个体心理状态的深远影响。羁绊代表了个体与他人之间的情感联系和依赖，而悲观主义反映了个体对未来和生活的负面期待和消极态度。自卑情绪中的个体往往在关系中感到不安全和缺乏信任，这种情感上的羁绊使他们更加倾向于悲观主义，他们可能认为自己不值得被爱或不被他人接受，从而对未来产生负面的预期，导致自卑感进一步加深。

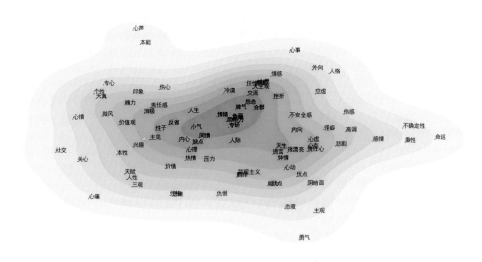

图 3-13　个性原因造成的自卑语义地图

在个人经历原因造成的自卑语义地图(图 3-14)中，语义中心区域分布着"事业""态度""思维""惰性""悲剧""恶心"等语义基元。其中，"悲剧"和"恶心"这两个语义基元距离比较相近，"事业""思维""态度""惰性"距离较近。

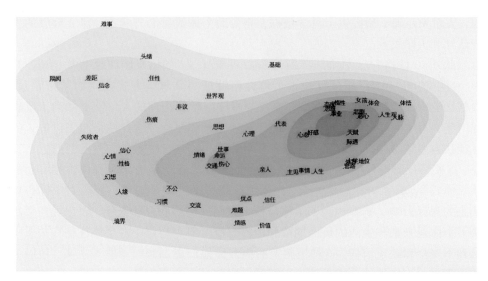

图 3-14 经历原因造成的自卑语义地图

"悲剧"和"恶心"这两个语义基元是个体遭遇负面情况时对于负面情绪的表达。这两种情绪容易在个体的心理上产生共鸣。当一个人经历了某种悲剧事件(如失去亲人、遭遇重大挫折)时，这种悲剧往往会引发一系列负面情绪，包括对自己的厌恶和恶心感。因此，悲剧和恶心在情感上具有很强的关联性。而本研究在翻阅了语料库中的相关帖子后发现，这些个体中很多是由于思维方式或态度导致在学习、事业、生活中受挫，产生一系列负面情绪，从而产生懈怠情绪，进而造成自卑。此外，经历悲剧事件后，个体常常会对自我产生负面的评价，认为自己无能、无用，甚至产生自我厌恶的情绪。这种对自我的负面评价进一步强化了恶心的感受，使得这两种语义基元在语义地图上靠近。

关于"事业""思维""态度""惰性"，事业上的成功或失败往往受到个人态度和思维方式的影响，积极的态度和开放的思维方式通常有助于事业的发展，而消极的态度和僵化的思维方式则可能导致事业上的挫折。因此，这几个语义基元在语义上具有较强的关联性，彼此距离较近。而"态度"与"惰性"的关系方面，态度在很大程度上决定了一个人的行为方式。一个积极主动的态度通常与勤奋和努力相关，而消极懈怠的态度往往伴随着惰性。这种态度和行为方式的关联性使得态度和惰性在语义地图上靠近。惰性，即缺乏动力和行动力，会直接影响事业的发展。惰性导致的拖延和效率低下会对事业产生负面影响，因此，"惰性"和"事业"在语义上也有很强的关联性。

"外界""地位""套路"语义距离相近，这种相近性揭示了它们之间的内在关联和共同影响。外界的评价和社会压力对一个人的自我认知和地位感有重大影响，个体常常通过外界的反馈来评估自己的社会地位。当外界对个体的评价不高时，这种负面反馈会直接影响个体的自尊心和自我价值感，从而导致个体产生自卑情绪。为了维护或提升自己的社会地位，个体可能会采取各种套路或策略，希望通过这些行为模式获得外界的认可。套路的使用效果取决于外界的反馈，正面反馈会强化套路的使用，负面反馈则可能使个体质疑其策略的有效性，进而影响其自我认知和心理状态。这种复杂的互动关系导致了"外界""地位"和"套路"在语义上的紧密联系。

此外，"心态""好感"的语义距离也十分相近，我们翻阅语料库后发现，此类人群中，有部分人能够通过自我调节或找心理医生等方式调整心态，缓解负面情绪，走出阴影，进而以积极的心态面对问题。事实上，自卑情绪往往伴随着负面的心态，如对自己的否定和对他人的嫉妒，这种负面的心态使得个体在与他人交往时容易产生不自信和焦虑，并阻碍对他人产生积极的好感。同时，与他人互动中的积极反馈可以改善个体的心态，提升其自信心和自尊感。因此，"心态"和"好感"距离相近反映了心态影响好感，而好感的反馈又能改善心态的双向关系。理解这种关系有助于制定有效的心理干预策略，通过改善心态，增强个体对他人的好感，从而帮助他们走出自卑的阴影，建立健康的自我认知和人际关系。

3.6　本章小结

本章通过关键词和本体形式化分析方法，使用网络爬虫技术，获取了社交媒体中以自卑情绪为主题的相关帖子，并以此为数据基础开展了研究。首先通过专家支持的编码结果发现了自卑情绪相关帖子的 6 个主要主题和自卑的主要原因。然后利用自然语言处理技术，结合社交媒体数据特点，构建了基于社交媒体数据的自卑情绪语义模型，通过阈值聚类方法，实现了语义基元的同义聚类，在此基础上，使用基于关联的语义基元提取算法，提取了代表自卑的语义基元，运用降维算法实现了语义基元的可视化表达与分析，并在更细粒度的语义层面讨论了自卑的原因。结果显示，自卑情绪主要来源于爱情、家庭、个性、经历、社交、能力、学习等方面。通过多层面的可视化分析发现，在家庭原因造成的自卑中，全职太太与婆婆的语义距离较近；在学习原因造成的自卑中，博士与专业、毕业的语义距离较近。这表明婆媳关系是造成全职太太自卑的重要原因，而专业与毕业问题是造成博士群体自卑的重要原因，这在以前的相关研究中很少被提及。

第 4 章

自卑情绪数据语义空间演化模式

4.1 引言

语义基元集合封装了某个主题的领域知识，在特定时间点提供了对某个特定主题或领域的快速索引。通过对语义基元的分析，可发现主题领域中出现的新问题，从而为未来的工作制订合适的计划。例如，社交媒体中的数据包含丰富的语义信息，通过分析这些数据，可以揭示公众情绪和社会现象的变化趋势，进而为相关领域的研究和实际应用提供重要参考。发现和提取社交媒体中与自卑情绪相关的数据能帮助人们探寻自卑产生的原因，从而采取有针对性的干预治疗措施。

在本书的第 3 章，我们总结了自卑情绪产生的几大原因，并对导致自卑的几类原因的语义基元进行了详细探讨，揭露了隐藏在语义基元背后深层的自卑原因。自卑情绪的产生通常涉及复杂的心理和社会因素，包括个人经历、社会比较、文化背景等。通过对社交媒体数据的分析，可以更好地理解这些因素在不同时间段和不同群体中的具体表现。然而，自卑情绪的诱因往往不是一成不变的，不同的时间段，其主要诱因有可能不同。例如，某些语义基元所隐含的自卑诱因，之前很长一段时间出现的次数很少，但在近年来出现次数激增，而某些语义基元在过去很长一段时间内频繁出现，但近年来却销声匿迹。对这种现象进行分析，有益于揭示不同时间段内自卑情绪语义基元的变化特征。这种变化可能与社会环境、文化变迁、重大事件等因素密切相关，通过对这些因素的分析，可以更全面地理解自卑情绪的动态变化。

基于以上分析，首先，本章将把传统的地理空间分析方法引入语义空间研究，从语义层面而不是词汇或共现网络层面描绘语义基元间的隐含关系，揭示不同时间段表征各种自卑原因的语义基元的火热程度或沉寂程度。传统的地理空间分析方法通常用于分析地理数据中的空间关系和模式，而语义空间研究则关注语义信息在数据中的分布和变化。将这两种方法结合，可以更有效地揭示语义基元之间的复杂关系。然后，将地理统计研究中的空间自相关研究方法引入语义空间研究，探讨语义基元出现频次与语义基元语义的自相关关系。空间自相关研究方法通常用于分析地理数据中变量的空间分布及其相互关系，在语义空间研究中，这种方法可以帮助我们理解语义基元之间的相互影响和关联。这种方法是社交媒体语义分析的一种新的尝试，为后续研究提供了新的视角。

本章 4.2 节介绍了基于地理空间分析思想的自卑情绪语义空间分析的详细过程、技术和方法，并重点介绍了将表征自卑情绪原因的语义基元随时间的出现特征划分为 4 个语义维度的分析方法，以及语义空间的相关性分析。本章 4.3 节则对实验结果进行了分析。

4.2　基于地理空间分析思想的自卑情绪语义空间分析

通过第 1 章 1.1.4 小节的分析可以看出，地理空间和语义空间存在一些共同特征。之前的研究指出，映射到高维语义向量空间中的点经过降维处理，再映射到二维或三维的空间，其与地理空间将具有非常相似的属性（Hu 等，2018a）。受此启发，本章将利用第 3 章 3.4.5 小节介绍的方法，将语义基元降维并映射到二维平面的基础上，构建 Voronoi 图，以面的形式度量语义基元的语义模糊性。

首先，语义基元降维处理是先通过降维算法，如主成分分析（PCA）或 t-SNE 算法，将高维语义向量空间中的数据点投影到二维或三维空间中。这一步骤有助于可视化和分析复杂的语义关系。接下来，通过构建 Voronoi 图，将语义基元映射到平面上，并划分成不同的区域。Voronoi 图通过分割平面，能将每个数据点（即语义基元）周围的区域划分出来，这些区域就代表了该基元在语义空间的影响范围和模糊性。

然后，对 Voronoi 图进行二分类，生成 4 种组合类型：持续火热区、最近兴起区、最近沉寂区和一直沉寂区。这些类型揭示了自卑情绪原因的语义空间演化模式。持续火热区表示在整个时间段内都频繁出现的语义基元，最近兴起区则代表近期才开始频繁出现的语义基元，最近沉寂区则是最近一段时间不再频繁出现的语义基元，而一直沉寂区是始终不频繁出现的语义基元。

在此基础上，引入地理空间分析方法，探讨语义基元语义间的自相关性。空间自相关分析方法通常用于分析地理数据中变量的空间分布及其相互关系，在语义空间研究中，这种方法可以帮助我们理解语义基元之间的相互影响和关联。这种方法是社交媒体语义分析的一种新的尝试，为后续研究提供了新的视角。

4.2.1　自卑情绪 Voronoi 语义地图构建

Voronoi 图是一种由位于同一平面内相邻两点的连线的垂直平分线构成的连续多边形，每个多边形仅包含一个目标点，并且多边形内任何一个位置到该目标点的距离总是小于到相邻多边形目标点的距离。这种特性使得 Voronoi 图在许多学科领域得到了广泛应用。

在生物学中，Voronoi 图被用来模拟生物结构，帮助研究细胞排列和组织结构的形成。例如，研究人员利用 Voronoi 图来模拟细胞在生长过程中的分裂和排列方式，从而更好地理解生物体内部的组织结构。在临床医学中，Voronoi 图被用于神经肌肉疾病的检测。通过分析肌肉纤维的分布模式，医生可以利用 Voronoi 图来诊断和治疗神经肌肉疾病。医生识别出异常的肌肉纤维分布，可以制定更有效的治疗方案。在信息科学中，Voronoi 图被用于机器人自主导航和路径规划。通过划分导航空间，机器人能够更有效地规划路径，避开障碍物，实现自主移动。例如，Voronoi 图被用于确定机器人在复杂环境中的最佳行进路线，从而提高其导航效率。此外，Voronoi 图还在其他领域发挥着重要作用。例如，在地理信息系统中，Voronoi 图被用于空间数据分析和区域划分，帮助规划城市基础设施和服务设施的最佳位置。在计算机图形学中，Voronoi 图被用来生成自然逼真的纹理和模型，并广泛应用于游戏和动画制作（Wikipedia）。这些应用表明，Voronoi 图不仅能够解决研究对象的邻接和可达性问题，还能有效度量相似性和模糊性，是各领域研究和实际应用的强大工具。

本书需计算语义距离和语义基元间的相似性，因此引入了地理学中的 Voronoi 图，构建过程如下：

（1）使用第 3 章 3.4.3 小节中训练的 Word2Vec 词向量模型，将依照第 3 章 3.4.4 小节所述方法提取的语义基元映射到 400 维的语义空间中，进行语义关系计算，构建基于这些语义基元的语义空间。该语义空间中，语义基元间的位置和距离表征了它们的语义关系，距离越近则语义越相似。在此基础上，本研究利用 t-SNE 算法对 400 维的语义空间进行降维处理，经过降维处理后，语义基元被投影到二维空间，如表 4-1 所示。

表 4-1　降到二维的语义基元节选

序号	语义基元	X	Y	英文名
1	自信	−7.0769	6.264929	self-confident
2	泪流满面	8.22602	−17.7113	one's face is covered with tears
3	惶恐	−10.4416	2.249429	terrified

续表4-1

序号	语义基元	X	Y	英文名
4	闭眼	2.616052	23.95218	closing one's eyes
5	焦虑	5.116011	10.34758	anxiety
6	睡眠	-2.9849	20.27111	sleep
7	工作	3.183501	16.09609	work
8	心情	-8.2462	15.06526	mood
9	食欲	12.79457	14.33397	appetite
10	自责	4.64936	13.67599	anxiety self-accusation

（2）经过降维处理的语义基元以点的形式散落在二维平面内，将其导入二维可视化软件 ArcGIS 进行可视化处理，效果如图 4-1 所示。

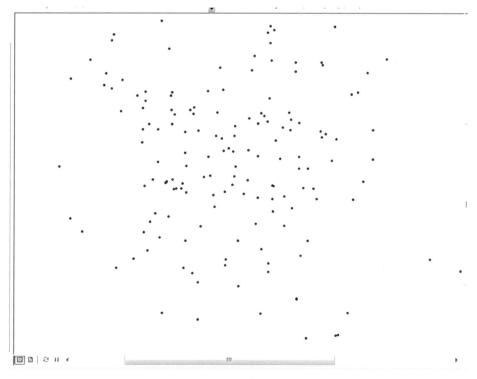

图 4-1　语义基元地图

（3）对于图4-1中的二维离散点，本研究将在 ArcGIS 软件中先采用三角划分的方法构建 Delaunay 三角网，然后生成 Voronoi 二维平面图，如图 4-2 所示。图 4-2 中，每一个语义基元的语义空间都用一个多边形表示，两个多边形的距离与该多边形内部的语义基元的语义相似度成正比，多边形的密度与语义密度成正比，即多边形密度越大的区域，语义密度越大。但多边形的面积只与语义的稀疏程度有关，而与语义基元的重要程度无关。从图 4-2 中可以看出，语义基元的分布是不均匀的，有的区域密度高，有的区域密度低。一个语义基元的含义可能是模糊的，其在不同语境下表示的意思不同。语义基元之间的空间变化反映了语义基元含义的变化。至此，语义基元从点要素到面要素的转换完成。

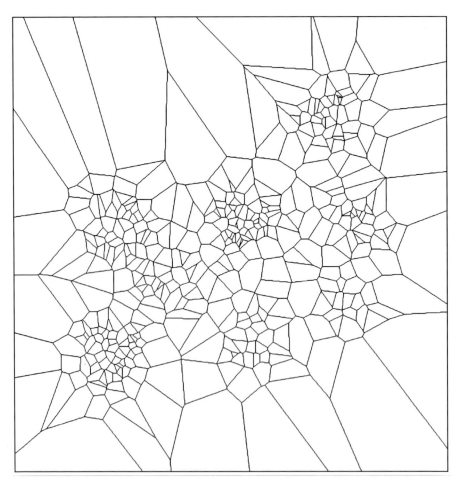

图 4-2　基于语义基元的 Voronoi 图

4.2.2　自卑情绪语义空间演化模式分析方法

4.2.2.1　自卑情绪语义空间参数设置

图 4-2 中，每一个多边形对应一个语义基元，且每个语义基元都保留着其来源帖子的发布时间。基于此，本书按照研究时段（2011—2017 年）以"研究时段内语义基元出现总次数"和"2016—2017 年出现数次"两个维度，将自卑情绪语义空间划分为四个区域类型：高-高、高-低、低-高、低-低。其中，"高-高"区域分布着在 2011—2017 年以及 2016—2017 年出现次数都很高的语义基元，称为"持续热点"区；"高-低"区域分布着 2011—2017 年出现总次数高，但 2016—2017 年出现次数变少的语义基元，称为"休眠"区；"低-高"区域分布着 2011—2017 年出现总次数低，但 2016—2017 年出现次数高的语义基元，称为"新兴热点"区；"低-低"区域则表示在这两个维度内出现次数很低的语义基元，称为"冷点"区，如图 4-3 所示。

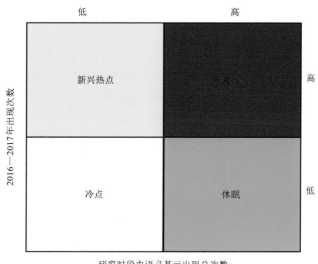

图 4-3　语义基元分布模式划分

4.2.2.2　自卑情绪语义空间计算

图 4-3 中，我们依照"2011—2017 年出现总次数"和"2016—2017 年出现次数"两个维度将自卑情绪语义空间划分为"高-高""高-低""低-高""低-低"四个区域，分别代表"持续热点""新兴热点""休眠""冷点"。其中，"2011—2017 年出现总次数"和"2016—2017 年出现次数"数学表达式如下：

$$\text{Fre}_{2011-2017}(n) = \sum_{\text{year}=2011}^{2017} \text{Fre}(\text{year}) \qquad (4\text{-}1)$$

$$\text{Fre}_{2016-2017}(n) = \sum_{\text{year}=2016}^{2017} \text{Fre}(\text{year}) \qquad (4\text{-}2)$$

式(4-1)和式(4-2)中：year 表示年份；Fre(year)表示某个语义基元在 year 年出现的次数；$\text{Fre}_{2011-2017}(n)$ 表示某个语义基元在 2011—2017 年出现的总次数；$\text{Fre}_{2016-2017}(n)$ 表示某个语义基元在 2016—2017 年出现的总次数。

此外，"高"和"低"两个划分指标是模糊的概念，在进行语义空间演化模式分析前，我们必须对"高""低"两个概念进行量化。根据本研究的数据特点，我们将语义基元以出现频次进行二分类。对于 $\text{Fre}_{2011-2017}(n)$ 维度，我们将本研究中出现频次排名前 50% 的语义基元划分为"高"，编码为 6，其余为"低"，编码为 3。其数学公式如下：

$$\text{Norm}\big[\text{Fre}_{2011-2017}(n)\big] = \begin{cases} 6, & \text{rank}(\text{Semantic primitives}) \leqslant \text{total}/2 \\ 3, & \text{rank}(\text{Semantic primitives}) > \text{total}/2 \end{cases} \qquad (4\text{-}3)$$

式中：rank(Semantic primitives)表示某个语义基元排名；total 表示语义基元总数。

对于 $\text{Fre}_{2016-2017}(n)$ 维度，我们将本研究中出现频次排名前 50% 的语义基元划分为"高"，编码为 2，其余为"低"，编码为 1。其数学公式如下：

$$\text{Norm}\big[\text{Fre}_{2016-2017}(n)\big] = \begin{cases} 2, & \text{rank}(\text{Semantic primitives}) \leqslant \text{total}/2 \\ 1, & \text{rank}(\text{Semantic primitives}) > \text{total}/2 \end{cases} \qquad (4\text{-}4)$$

通过以上设置，我们可得到 $\text{Norm}\big[\text{Fre}_{2011-2017}(n)\big]$ 和 $\text{Norm}\big[\text{Fre}_{2016-2017}(n)\big]$ 语义基元分布。最后累加两个维度编码值，即可计算语义基元所属的类型，公式如下：

$$\text{Type} = \text{Norm}\big[\text{Fre}_{2011-2017}(n)\big] + \text{Norm}\big[\text{Fre}_{2016-2017}(n)\big] \qquad (4\text{-}5)$$

由式(4-5)计算得到的语义基元类型划分如下：

$$\text{Type} = \begin{cases} 8=6+2, & \text{持续热点} \\ 7=6+1, & \text{休眠} \\ 5=3+2, & \text{新兴热点} \\ 4=3+1, & \text{冷点} \end{cases} \qquad (4\text{-}6)$$

至此，本书得到 4 种类型语义基元的特征值依次为 8、7、5、4。其中，8 表示 2011—2017 年以及 2016—2017 年出现总次数都高的语义基元，属于"持续热点"的主题，7 代表 2011—2017 年出现总次数高，但 2016—2017 年出现次数较少的语义基元，属于"休眠"的主题；5 代表 2011—2017 年出现总次数低，而 2016—2017 年被引用次数高的语义基元，属于"新兴热点"的主题，4 代表 2011—2017 年出现总次数和 2016—2017 年出现次数都较低的语义基元，属于"冷点"的主题，计算后的数据属性如表 4-2 所示。

表 4-2 分类数据表示例

语义基元	X	Y	$\text{Fre}_{2011-2017}$	$\text{Type}_{2011-2017}$	$\text{Fre}_{2016-2017}$	$\text{Type}_{2016-2017}$	类型
障碍	-1.02032	-3.1211	6790	3	3796	1	4
勇气	0.585087	-2.38424	381340	6	270242	2	8
眼泪	0.442426	-2.17701	3194016	6	182984	2	8
剃光头	0.710885	-2.12275	17992	6	5432	2	8
肠胃	0.67109	-2.03863	4498	3	0	1	4
物理	-1.33002	-1.9926	10400	3	0	1	4
考场	-0.05286	-1.934	2716	3	650	1	4
微积分	-0.37607	-1.87767	1358	3	650	1	4
心动	0.613352	-1.86305	150198	6	52962	2	8
妈妈	0.784637	-1.80473	630112	6	64368	2	8
身材不好	-0.32441	-1.78088	17992	6	5432	2	8
主观	0.741104	-1.76752	3390	3	0	1	4
文化	-0.3494	-1.76366	62468	6	31850	2	8
境界	-1.3026	-1.72737	17080	6	5432	2	8
疤痕	0.606969	-1.69643	1799200	6	543200	2	8
态度	0.43831	-1.67566	89020	6	32592	2	8
同学	1.616942	-1.63688	1298248	6	839412	2	8
真情	1.689967	-1.62576	4078	3	1358	1	4
家事	0.942261	-1.62156	1358	3	447	1	4

4.2.3 自卑情绪语义空间相关性分析

普遍联系是哲学的一般范畴，指的是事物或现象之间以及事物内部要素之间相互关联、依赖和影响的关系。马克思主义辩证法指出，普遍联系和发展是客观事物存在的形式，孤立不变的事物是不存在的（张雷声，2007）。世界万物是普遍联系的，这种联系是不以人的意志为转移的（李淮春和杨耕，1995）。这一观点强调了世界的整体性和系统性，即一切事物都在一定条件下相互作用、相互制约，共同构成一个有机的整体（李淮春等，1995）。地理学第一定律作为普遍联系观点在地理学上的延伸，认为地理空间中的任何事物都是相关联的，地理位置越相近的事物越相关（Tobler，1970；李小文等，2007）。例如，在城市规划中，如果能考虑到地理位置相近的地区之间的相互影响, 就可以更合理地进行资源配置和功能分区, 提高城市运行的效率和可持续性。

相关性的类型可分为正相关和负相关, 所谓正相关, 是指某一变量的增大(减小)会导致其他变量的增大(减小), 反之为负相关。比如, 中国的北京和上海都是经济文化都异常发达的城市, 但北京周边城市的经济文化水平相对较低, 这一现象可理解为北京的经济文化水平与其周边城市呈负相关关系; 而上海周边的城市经济文化水平都相对较高, 这一现象可理解为上海的经济文化水平与其周边城市呈正相关关系。这一现象主要原因是, 有的城市的发展很大程度上吸取了周边城市的资源, 而有的城市的发展带动了周边城市的发展。

这一点在语义分析中同样适用, 比如同一语义空间中某些语义基元的出现会导致另一些语义基元必然出现; 而某些语义基元的出现则会使另一些语义基元出现次数明显减少或消失。对这种现象进行分析有助于我们找到某个语义所代表的主题的影响范围和影响特征, 若某一语义基元的出现导致了其他语义基元出现, 表示这个语义基元所隐含的主题影响较大; 反之, 表示该基元的影响范围较小或较为罕见。

在实际应用中, 通过语义分析可以揭示不同语义基元之间的相互关系及其变化趋势。例如, 在社交媒体数据的分析中, 可以通过对语义基元的分析, 识别出某些情感或主题的传播路径和影响范围。这样不仅可以帮助我们理解信息在社交网络中的传播机制, 还可以为舆情监测和管理提供科学依据。此外, 通过分析语义基元的变化, 还可以揭示出社会心理和行为模式的动态变化。例如, 通过对与抑郁、自卑等负面情绪相关的语义基元的分析, 可以识别出这些情绪在不同时间段内的变化趋势, 进而为心理健康干预提供数据支持和决策依据。

空间自相关性(spatial autocorrelation)是度量事物空间相关性程度的重要指标, 能揭示事物间潜在的空间依赖性(Lanorte 等, 2013; Fan and Myint, 2014)。空间自相关性通过测量地理数据中变量的空间分布及其相互关系, 可以帮助人们理解数据点之间的空间模式。空间自相关性的测量可用 Moran's I 指数来衡量。当 Moran's I 指数为正值时, 表示事物呈正相关关系; Moran's I 指数为负值时, 表示事物呈负相关关系(关于 Moran's I 指数, 我们将在第 5 章做详细讲解)。LISA 聚集图反映了某个事物与邻近地区的关系, 聚集类型分为高-高、高-低、低-高、低-低四种。这些指标在本书中被赋予了新的含义, 可用于自卑情绪语义空间分析。

4.3　实验结果与分析

4.3.1　实验环境及工具

本实验计算机的配置：操作系统为 Windows 7；处理器为 Intel Core i5-4670T @ 2.30GHz 四核；内存 16 GB；IDE 版本为 PyCharm Community Edition 2017. 2.3 x64。Word2Vec 的实现使用 gensim 主题模型算法工具包。

4.3.2　实验流程

本章的语义空间演化模式分析流程如图 4-4 所示，其包括语料库的建立、语义模型的构建、语义基元映射到高维语义空间（400 维）、高维空间中语义相似性计算、计算结果降维、Delaunay 网和 Voronoi 图的构建，最后对 Voronoi 图进行分类，将研究区域划分为 4 种状态。

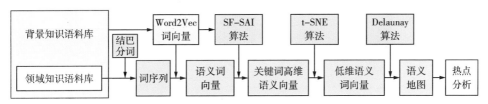

图 4-4　语义空间演化模式分析流程图

4.3.3　实验结果分析

4.3.3.1　语义地图结果分析

图 4-5 为自卑情绪语义空间演化图谱。图中，不同的颜色表征不同类型的语义基元，红色表示持续热点区域，黄色表示休眠区，浅绿色表示新兴热点区域，深绿色表示冷点区域。

从图 4-5 中不难看出，"持续热点"和"冷点"型语义基元几乎各占一半。如图 4-5 中心的语义密集区域中，"挫折""冷漠"等表达负面情绪状态的词语是自卑情绪相关的语义基元的持续热点，这很符合对于自卑的一般认知。自卑本身就是一种负面的心理状态，它往往伴随着对自我价值的怀疑和否定。在这种情绪状态下，个体更容易感受到各种负面情绪，如挫折感、冷漠感等。这些负面情绪又进一步加剧了自卑情绪，形成了恶性循环。挫折感是指个体在追求目标或满足需求过程中遇到阻碍或失败时产生的情感体验。对于自卑情绪者来说，他们往往对自己的能力和价值持怀疑态度，因此在面对挑战和困难时更容易感受到挫折。这

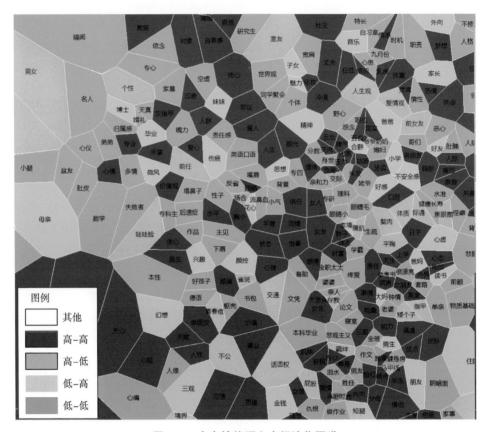

图 4-5　自卑情绪语义空间演化图谱

种挫折感进一步削弱了他们的自信心，加深了他们的自卑情绪。冷漠感可能是一种自我保护的防御机制。当个体感到自卑时，他们可能会选择对外部世界表现出冷漠的态度，以避免与他人进行过多的社交互动，从而减少可能受到的伤害或否定。这种冷漠感不仅是一种对外界的防御，也是一种对自己内心自卑感的掩饰。在语义地图中，"挫折""冷漠"等语义基元成为持续热点，说明这些词语在自卑情绪者的微博中频繁出现，且与其他词语形成了紧密的语义关联。这种现象表明，这些负面情绪状态在自卑情绪者的心理体验中占据了重要地位，是他们日常生活中经常面对和感受的情绪状态。

　　针对"合群""人际关系"等语义基元出现在新兴热点区域的可能原因，我们可以从以下几个方面进行分析：一是社会环境的变化。随着社会环境和文化氛围的转变，人们对人际关系和合群的重视程度有所增加。随着社会节奏的加快和生活压力的增大，人们愈发意识到情感支持和社会联系的重要性，自卑情绪者对这些方面的关注也随之增加。二是社交媒体和网络的影响。社交媒体和网络的普及，深刻改变了人际互动和社交行为。网络社交平台为人们提供了更多展示自我和建立关系的机会，但同时也带来了新的社会比较和压力。自卑情绪者在面对这些新环境时，对合群和人际关系的关注度可能有所上升。三是心理健康意识的提升。随着心理健康意识的增强，越来越多的人开始关注自我的心理状态和情感需求。心理健康教育和相关资源的普及，让自卑情绪者更加意识到良好的人际关系和社会支持对心理健康的重要性，从而在微博中更多地探讨这些主题。四是个人经历和反思的积累。随着时间的推移，自卑情绪者的个人经历和反思也在不断积累。他们可能在经历了一些负面事件或在人际关系中遇到挑战后，逐渐意识到合群和良好人际关系的重要性，并在微博中更多地表达出这种需求和关注。五是社会支持系统的变化。社区活动减少、家庭结构变化等社会支持系统的变化，可能使人们对传统社交关系的依赖增加。在这种变化中，自卑情绪者可能更加需要通过合群和良好的人际关系来寻求支持和认同。

图 4-6 为因个人经历而自卑的语义空间演化图谱，图中大部分语义基元属于"持续热点"型。综合来看可以发现，个人的情感经历、家庭因素等一直是产生自卑的主要原因。

此外，在图 4-6 中，"伤痕"（注：语义基元"伤痕"在语料库中并不是指肉体上的伤害，而是心灵上的创伤）、"幻想"、"思想"、"好感"等表示心理活动的抽象名词属于"新兴热点"型，换句话说，近几年这些词的出现频次远高于前些年。和"持续热点"型语义基元对比，这一类词语明显更加侧重于叙述者个人的内心世界，比具体的恋爱经历、家庭生活、社会关系等相关语义基元更加抽象。出现这样的变化趋势主要是因为：一方面社交媒体是人与人之间因为某个共同的兴趣或共同的人际关系等而相互交流的方式；另一方面社交媒体也是诉说内心感受的渠道。近些年来，由于微信朋友圈等更加直接的基于社会关系的社交媒体的流行，社交媒体的功能逐渐向用户表达内心世界的渠道转变。因此，在如今这个理性思维和感性思维、外部关系与内心世界相互交织的社交媒体中，越来越多的用户选择以发微博作为表达内心想法、抒发情感的方式。相应地，就呈现出越来越多的微博用户在表达自身自卑心理时，使用更多的倾向于心理活动的语义基元的趋势。

另外，在图 4-6 中，"贫寒""不公平"等语义基元在近些年被提及得较少，这一点与我国当前的国情相符，从另外一个侧面证明了本书提出的二元划分法对自卑情绪评估的有效性。一方面，随着近些年社会主义核心价值观的提出和深入贯彻，我国逐步建立了以权利公平、机会公平、规则公平、分配公平为主要内容的社会公平保障体系。另一方面，我国实施了精准扶贫政策，在教育、健康、金融、水利、交通、科技等涉及人民生活的方方面面进行了精准扶贫。目前，曾经的贫困户们有了稳定的收入来源，衣食住行都得到了保障。

　　然而，"人生观"这一语义基元在众多"持续热点"型语义基元中呈现出"休眠"型的特点，即作为过去出现频次很高的语义基元，"人生观"在近几年的出现频次却有明显的下降。可能的原因包括：第一，情绪焦点的转移。自卑人群可能逐渐学会了如何更好地管理自己的情绪，将注意力从对人生观的深度思考转移到其他更为具体和实际的生活问题上。这种情绪焦点的转移导致与人生观相关的帖子数量减少。第二，人生观的接纳与认同。经过一段时间的思考和探索，自卑情绪人群可能逐渐接纳并认同了自己的人生观，不再像过去那样频繁地在帖子中进行自我质疑和反思，这种接纳与认同导致与人生观相关的帖子数量减少。第三，外部因素的影响。社会环境、文化背景以及个人所接触的信息和观念都可能对帖子内容产生影响，如果外部环境中关于人生观的讨论和关注减少，帖子作者也可能会相应减少对这一主题的记录和思考。

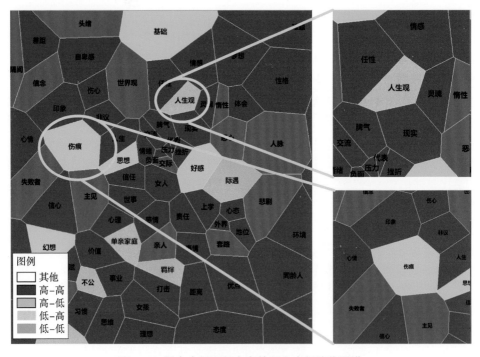

图 4-6　因个人经历而自卑的语义空间演化图谱

　　上文我们运用连续的空间刻画了分属不同类型的语义基元，并采用语义地图的表现形式进行了可视化处理。结果表明，该方法能够在特定的语义环境下描述语义的模糊性、语义基元间的关系和区别，同时可描述语义基元所隐含主题的时空变化模式和影响力。利用该方法能够有效地揭示某一具体研究主题中的知识演化模式。就本研究而言，随着时间的变化，关于自卑的讨论可能出现一些新的话题。这些话题可能与现有的多种话题相关联或处于它们之间的某个位置。那么，在语义地图中，表征这类话题的语义基元可出现在与之相关联的语义基元的中间位置。

从图 4-6 的分析中不难发现，我们通过二元划分方法刻画的语义地图，可为研究者提供直接的话题演变模式视图，以帮助相关研究者了解哪些是出现频次一直很高的话题，哪些是最近兴起的话题，哪些是一直被讨论得较少的话题，从而对研究策略做出相应的调整。对于"休眠"的语义基元来说，它们在研究时段内出现的总频次较高，近两年出现的频次骤降，这并不代表该区的语义基元所代表的话题已经过时或者不再重要。相反，这些话题未来依然具有再次火热的可能。研究者可通过该方法呈现的结果，挖掘休眠的语义基元所涉及的主题被重新关注的可能性，因为这些主题可能在新的技术条件或环境下焕发新的活力。这样的二元分划类型可以帮助研究者获得研究主题的总揽，从而制定相应的研究方案。

与传统的社交媒体研究中所采用的基于时间片划分数量的分析方法和基于语义基元共现网络的分析方法相比，该方法充分考虑了空间和时间维度，从而将离散型语义基元共现网络扩展到连续的语义空间，并以语义地图的形式呈现。语义地图直观地展现了持续火热、新兴火热、以前火热但近些年沉寂和一直沉寂的话题。同时本书构建的语义模型充分考虑了研究话题的上下文语境，因此展现出更加丰富的语义信息。

接下来将 GIS 中的空间自相关分析方法引入社交媒体语义研究。空间自相关性原本用于度量地理空间中的地理实体间潜在的依赖关系，即某一地理现象的出现或消失与其他地理现象的关系。本书将该方法用于描述语义基元在语义空间中的分布情况和相关性程度。通过语义空间自相关分析，可观察到语义基元可能出现的高-高、高-低、低-高、低-低四种聚集特征。通过以上四种特征，可分析某一语义基元所隐含的主题对其他语义基元所隐含的主题的抑制或促进作用。

4.3.3.2　语义空间相关性分析

图 4-7 为"持续热点"区域的自卑情绪语义基元空间相关性图谱。从整体上看，语义基元间呈现出一定的空间相关性。就具体细节而言，"朋友"这个语义基元的空间相关性呈现"高-高"模式，即"朋友"这个语义基元出现频次的提高，会导致相关语义基元出现频次提高；而"学生"和"偶遇"这两个语义基元的空间相关性为"低-高"模式，表明这两个语义基元的出现会抑制相关语义基元的出现。

社会支持对心理健康有显著影响，自卑情绪者通常感到孤立和缺乏自信，而朋友作为他们重要的社会支持来源，能够提供情感支持、理解和安慰，从而帮助自卑情绪者缓解自卑情绪。当提到"朋友"时，往往伴随着友谊、支持、交流等积极的语义，这些语义基元的出现反映了个体寻求或渴望社会支持的心理需求。此

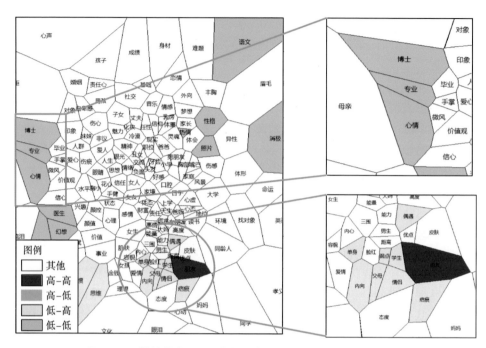

图 4-7　"持续热点"区域的自卑情绪语义基元空间相关性图谱

外，"朋友"这个语义基元通常与许多社交活动相关，如聚会、聊天、共享兴趣爱好等，这些活动本身就是高频的，因为它们是人与人之间互动的重要形式。例如，在语料库中，就有诸如"有时候真的觉得自己在社交方面好差劲，看着别人轻松交友，我却总是畏畏缩缩。朋友，对我来说好像总是那么遥不可及。自卑感让我难以迈出那一步""每当想到要和朋友一起出去社交，我的心里就充满了焦虑。我总是担心自己不够好，担心别人会看不起我。自卑感，像一道无形的墙，隔绝了我和世界"等表达。因此，当"朋友"频繁出现时，相关的社交活动词汇也会频繁出现。自卑情绪者可能更多地依赖朋友来寻求心理安慰和情感连接，这反映了个体在情感上对朋友的依赖和渴望。当然，这也在一定程度上解释了"朋友"这一语义基元的空间自相关性呈现"高-高"模式的原因。

　　"学生"这个语义基元，通常代表一个特定的角色或身份，它涉及的情境可能较为单一，主要与学校、学习、考试，以及师生、同伴关系等相关。对于自卑情绪者来说，提到"学生"时，他们的联想可能更多地偏向于学业压力、同伴间的比较，以及由此产生的焦虑、挫败等负面情绪。这种情绪导向的联想方式，导致与"学生"相关的其他积极或中性语义基元出现的频次相对较低。而"偶遇"则表示一种随机的、不期而遇的事件，它不像"学生"那样有一个固定的、广泛的情境背景。因此，这样的事件在微博等个人表达平台中，可能不会引起太多其他相关词汇的联想，从而导致其语义相关性较低。此外，某些特定的情绪或情境可能会抑制其他情感的表达。比如，"学生"一词可能引发一系列与学业压力、社交焦虑相关的负面情绪，这些情绪可能占据了主导地位，从而抑制了更多积极或中性语义基元的出现。同样，"偶遇"作为一个相对不常见的事件，可能在情感上没有显著的影响力，或者影响力较为短暂，因此也抑制了其他相关语义基元的高频出现。综上所述，"学生"和"偶遇"在语义空间中呈现"低-高"模式，这可能是由它们各自的情境和角色的局限性，以及它们在某些情境下可能产生的情感抑制作用导致的。这种模式反映了自卑情绪者在表达自我时，某些词汇和概念可能更容易引发特定的、有限的情感联想和语义关联。

图 4-8 为"冷点"区域的自卑情绪语义基元空间相关性图谱。从整体来看，语义基元间呈现出一定的空间相关性。就具体细节而言，"心思"语义基元的空间相关性呈现"高-低"模式；"心仪"语义基元的空间相关性呈现"高-高"模式；"肚皮"语义基元的空间相关性呈现"低-高"模式。下面分别对这三种具体的语义基元的空间相关性特点进行分析。

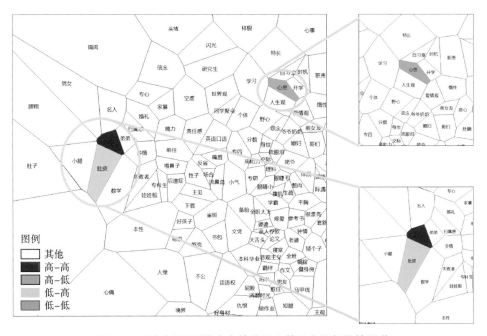

图 4-8　"冷点"区域的自卑情绪语义基元空间相关性图谱

同之前"内心"的空间相关性同样呈现"高-低"模式的原因类似，"心思"这一语义基元的含义也是侧重于叙述者个人的内心感受，而这一语义基元的内涵相对简单，与所涉及的社会关系和社会活动并没有特别紧密的联系，因此，"心思"语义基元的空间相关性呈现"高-低"模式是十分自然的结果。

"心仪"这一语义基元的空间相关性呈现"高-高"模式，从语义基元的内涵分析，"心仪"语义基元在大多数情况下属于动词性的语义基元，因此从语言本身的属性方面，需要叙述主体将"心仪"和其他语义基元连用，从而更清晰地阐述内心活动。例如，在本研究的语料库中，有诸如"今天向心仪的女生表白，不过她却说和我在一起她很自卑，从而拒绝了我"这样的案例，说明"心仪"这个语义基元出现时很容易提高与之相关的各种人、事、物等类别的语义基元出现的可能性。

"肚皮"这一语义基元的空间相关性呈现"低-高"模式，分析与其相关性较高的语义基元，分别是"小腿""腰粗""心仪"等。由此可以看出，与"肚皮"相关性较高的语义基元普遍和外貌身材相关，外貌身材上的缺陷很容易成为叙述者向"心仪"对象表达情感的障碍，而这一障碍久而久之又会促使叙述者自卑情绪的产生和加深，进而转变为自卑心理。因此，"肚皮"虽然是一个出现频次并不高的语义基元，但是在叙述者的帖子中一旦出现，就会导致与该语义相关的一些语义基元（特别是和外貌身材有关的语义基元）出现的可能性大大增加。在本研究的语料库中，有这样一条例子："发现肚皮上长了好多妊娠纹，一道道红好难看。突然很难过，现在的我又胖又丑又自卑。"可以体现出"肚皮"的确和描述外貌身材的语义基元具有较高的相关性。

4.4　本章小结

首先，本章将传统的地理空间分析方法扩展到语义空间研究中，通过构建 Voronoi 图，将降维处理后的语义基元以点的形式散落在二维平面内，之后采用三角划分的方法构建 Delaunay 三角网，并生成 Voronoi 二维平面图，揭示了语义基元之间的相似程度。

其次，本章按照研究时段（2011—2017 年）以"研究时段内语义基元出现总次数"和"2016—2017 年出现次数"两个维度，将自卑情绪语义空间划分为 4 个区域类型：高-高、高-低、低-高、低-低。结果表明，"持续热点"和"冷点"型语义基元几乎各占一半。如图 4-5 所示，在语义空间中心的语义密集区域，"挫折""冷漠"等表达负面情绪状态的词语是自卑情绪相关的语义基元的持续热点，这很符合对于自卑的一般认知；在因个人经历而自卑的语义空间演化图谱中，大部分语义基元属于"持续热点"型。综合来看可以发现，个人的情感经历、家庭因素等一直是个体产生自卑心理的主要原因。

再次，本章通过计算语义基元的空间相关性，揭示了不同语义基元之间的相互关系。结果表明，语义基元呈现出一定的空间相关性，"朋友"这个语义基元的空间相关性呈现"高-高"模式，而"学生"和"偶遇"这两个语义基元的空间相关性为"低-高"模式；在因个人经历而自卑的语义空间相关性分析结果中，大部分语义基元呈现一定的空间相关性，"心思"这一语义基元的空间相关性呈现"高-低"模式，"心仪"语义基元的空间相关性呈现"高-高"模式，"肚皮"语义基元的空间相关性呈现"低-高"模式。

本章创新性地将地理空间统计分析方法，用于对社交媒体中自卑情绪相关的语义基元的空间分析。研究结果表明，二元划分方法能很好地刻画代表不同自卑情绪的语义基元受关注的状态，有助于相关研究人员了解该领域的时序特征，制定科学的研究方案。语义空间自相关分析方法很好地展现了自卑情绪语义基元的关联程度和演化规律，为探索语义基元出现频次与语义基元语义的自相关关系提供了新的视角。本章的分析方法是语义分析研究中一种有意义的尝试，对语义基元研究具有一定的可借鉴性。

第 5 章

自卑情绪关联因子及时空演化模式

5.1 引言

近年来，随着社交媒体的快速发展，国内外学者针对社交媒体数据展开了多方位的研究，取得了丰硕的成果，发表了数以万计的科研论文。在疾病的研究方面，Scanfeld 等认为社交媒体提供了健康信息的一种新的共享方式，并就如何利用社交媒体来识别滥用或误用抗生素的个体进行了探讨（Scanfeld 等，2010）。Chew 和 Eysenbach 针对以调查的方式来获取公众对突发事件态度的方法成本较高的特点，提出了使用社交媒体作为传统调查方法的辅助的建议，并以 2009 年 H1N1 流感数据做了实验，其结果表明，社交媒体不仅可以用于对疾病的实时监控，而且可用作帮助研究人员（或医生）识别和诊断疾病的工具（Chew and Eysenbach，2010）。最近，还有学者通过对社交媒体数据的语义进行分析和挖掘来检测和诊断具有抑郁症以及自杀倾向等心理问题的人群。通过以上分析可以发现，社交媒体可用于揭示心理问题。另外，社交媒体数据中有大量的位置信息，这些位置数据对应用户发帖时的地址，对这些信息进行研究分析，有助于学者们了解相关人群的行为特征及时空模式。

地理学第一定律认为，地理空间中的任何事物都是相关联的，地理位置越相近的事物关联越紧密（Tobler，1970；李小文等，2007）。换句话说，任何事物或实体都相互关联，存在着聚集（clustering）、随机（random）、规则（regularity）分布特征，并且事物或实体的相关性与距离成反比。同时，空间上的隔离造成了物体间的差异，即异质性。异质性分为空间局部异质性（spatial local heterogeneity）和空间分异质性（spatial stratified heterogeneity），前者是指区域或点的属性值与周围区域或点的属性值不同，后者是指多个区域之间的属性值互不相同（Goodchild，2003）。根据社会感知的观点，尽管每个人的行为都是随机的，但海量人群的行为具有一定的规律性，这种规律性与地理环境密切相关。

地理加权回归模型（geographically weighted regression，GWR）是一种用于研究地理空间中各种影响因素潜在关系的基于曲线拟合和平滑思想的非参数局部加权回归模型（Brunsdon 等，1996）。GWR 通过构建研究区域内每个采样点的局部回归方程，探索研究对象在某一尺度下的空间变化及相关关联因子（张亮林等，2019）。该模型由 Brunsdon 等人于 1996 年提出，是对普通线性回归模型的扩展。地理回归模型顾及了空间对象的局部效应，具有较高的准确性，能比较准确地评价因变量与解释变量之间的空间关系及其变化。近年来，地理加权回归模型在许多领域得到了广泛的应用（Foody，2003；Nakaya 等，2005；Wei 等，2018；Yu and Xu，2018）。也有不少学者将其运用于健康与疾病相关的研究（Yang and Matthews，2012；Goovaerts 等，2015；Kauhl 等，2017）。本研究将使用地理加权回归模型探讨自卑情绪空间关联因子的空间异质性。

地理探测器是中国科学院王劲峰等基于"因子力（power of determinant）"指标，结合 GIS 技术和集合论而研发的可用于有效识别多因素之间交互关系的工具。地理空间中，几乎每种现象背后都有其关联因子，有的现象是多种因子交互作用的结果。对地理探测器而言，被检测的要素只要有关系，它就能检验出来（王劲峰和徐成东，2017）。目前，地理探测器已广泛应用于医疗科学、灾害评估、土地利用和社会经济学领域。就本研究而言，自卑情绪本身是一个复杂的心理过程，其背后隐藏着多种关联因子的交互作用。所以，本章我们使用地理探测器揭示关联因子间的交互作用。

根据以上分析，就本研究而言，自卑情绪受各种因素的影响、驱动，与不同因素相关联。但到目前为止，很少有研究从签到数据位置关联的角度出发，从宏观（全国范围）和微观（城市内部）两个层面探讨自卑情绪与经济、社会、受教育程度、地理实体之间的关系和相互作用，以及自卑情绪的时空分异性和演化模式。为了分析自卑情绪的时空布局特征以及时空异质性和分异性，本章将从宏观和微观两个层面，分别探讨自卑情绪时空布局、空间分异性、关联因子及其关联性特征。主要步骤及方法如下：首先，分析自卑情绪时空差异特征，引入物理学中重心的计算方法，利用重力模型探讨自卑情绪空间聚集变化特征。然后，在此基础上，使用宏观指数分析自卑情绪的空间相关性，同时利用微观指标挖掘自卑情绪的局部相关性，对空间集聚特征和空间异质性进行识别。最后，利用地理加权回归模型探测空间关联因子，揭示空间演化模式，并借助地理探测器（geodetector，GD）独有的关联因子交互作用探测工具，探测关联因子的交互作用。

5.2　时空差异及演化特征

5.2.1　时空差异特征

探究自卑情绪的空间格局，揭示自卑情绪空间上的差异及格局变化，对相关医疗机构或组织为处于不同区域的目标人群制定符合该区域实际情况的心理辅导或治疗方案具有重要意义。本书以自卑情绪帖子的位置坐标为基础，分析 2012—2017 年社交媒体中呈现出的自卑情绪的主要空间特征。此外，为了在细粒度上刻画自卑情绪变化的空间特征，本书以 4 个直辖市、332 个地级行政区，共计 336 个行政区划为基本单元，分别统计出 2012—2013 年、2014—2015 年、2016—2017 年三个时段自卑情绪数据在空间的升降情况。

5.2.2　空间聚集特征演化

如果将研究区域看作一个均质的二维平面空间，那么分布于这个二维平面上的质体将有且仅有一个加权相对位置之和为零的点，物理学中将该点称为重心。质量在重心周围是均匀分布的，分布质量的加权位置坐标的平均值决定了重心的坐标。因此，当二维平面上的质体分布状态发生变化时，质体重心也将出现转移和演化。重力模型最初被用于模拟牛顿万有引力定律，后来则在各种社会科学研究中被用于描述或模拟各种因素之间的相互关系。近年来，重力模型被广泛用于评估住房价格(Benson 等，1998)、公园可达性(Chao 等，2017)、$PM_{2.5}$ 时空演化特征(周亮等，2017)和分析体育区域发展特征(马丽娜等，2018)的研究。有不少学者利用重力模型预测和模拟疾病传播特征。本研究将使用重力模型揭示自卑情绪在空间的移动轨迹及速率，并表征自卑情绪空间聚集特征演化趋势。计算公式如下：

$$
\begin{cases}
\overline{X} = \dfrac{\sum\limits_{i=1}^{n} CP_i S_i X_i}{\sum\limits_{i=1}^{n} CP_i S_i} \\[4ex]
\overline{Y} = \dfrac{\sum\limits_{i=1}^{n} CP_i S_i Y_i}{\sum\limits_{i=1}^{n} CP_i S_i}
\end{cases}
\tag{5-1}
$$

式中：$\overline{X}$ 表示自卑情绪重心的经度；$\overline{Y}$ 表示自卑情绪重心的纬度；n 表示研究范

围内的行政区数量; i 为行政区编号; X_i, Y_i 分别为行政区 i 的几何中心的经度和纬度; S_i 为行政区 i 的面积; CP_i 为行政区 i 的空间权重,即第 i 个行政区内与自卑情绪相关帖子的数量。

5.2.3　空间相关性分析

正如前文所述,任何事物或实体在空间上都相互关联。空间关联性的度量可通过空间自相关分析算法计算得到,一般分为全局空间自相关(global spatial autocorrelation)和局部空间自相关(local spatial autocorrelation)。全局空间自相关描述了某一事物或实体在一个总的空间范围内的聚集程度,是对该事物或实体属性值在整个区域的空间特征的描述,但其并不能确切地描述聚集在哪些区域。局部空间自相关则描述了某一事物或实体与其相邻的事物或实体的相似程度,可用于描述局部单元服从全局的程度(包括方向和量级),并能反映空间依赖与位置变化之间的关系。局部空间自相关分析的意义有如下几点:

(1)当全局空间自相关现象不明显时,通过局部空间自相关分析,可探测到可能被全局空间自相关分析忽略的局部空间自相关的位置。

(2)当存在显著全局空间自相关时,通过局部空间自相关分析,可揭示空间异质性特征。

(3)通过局部空间自相关分析,可探测空间异常的确切位置。

(4)通过局部空间自相关分析,可探测出与全局空间自相关的结论不一致的特征点位置。

目前常用的空间自相关算法指标有 Moran's I、Geary's C 等。其中,Moran's I 侧重于度量样本点与均值偏差的乘积,Geary's C 则侧重于比较相邻样本点的差值。Moran's I 相较于 Geary's C 而言,更加关注空间权重、样本值和样本量的影响。而且 Moran's I 应用领域更加广泛,比如可用于健康状况的地域差异分析(Getis and Ord, 2010),以及语言学(Grieve, 2011)、地质地貌(Alvioli 等,2016)等的研究。

综上所述,本研究将使用 Moran's I 评估自卑情绪的全局和局部空间自相关性。

5.2.3.1　全局空间相关性特征

本书运用全局 Moran's I 评测自卑情绪的全局空间自相关性,其取值范围为 $[-1, 1]$。

全局 Moran's I 指数(I)的计算公式为:

$$I = \frac{n \sum\limits_{i=1}^{n} \sum\limits_{j=1}^{n} w_{ij}(x_i - \bar{x})(x_j - \bar{x})}{\sum\limits_{i=1}^{n} \sum\limits_{j=1}^{n} w_{ij} \sum\limits_{i=1}^{n}(x_i - \bar{x})^2} = \frac{\sum\limits_{i=1}^{n} \sum\limits_{j=1}^{n} w_{ij}(x_i - \bar{x})(x_j - \bar{x})}{S^2 \sum\limits_{i=1}^{n} \sum\limits_{j=1}^{n} w_{ij}} \tag{5-2}$$

式中：

①$I \in [-1, 0)$时，表明自卑情绪呈负空间自相关；

②$I = 0$时，表明自卑情绪无空间自相关性；

③$I \in (0, 1]$时，表明自卑情绪呈正空间自相关。

n 表示研究范围内的行政区数量；x_i, x_j 分别表示行政区 i 和行政区 j 的自卑情绪帖子数量；$\bar{x}$ 是所有行政区的自卑情绪帖子数量的平均值；$S^2 = \dfrac{1}{n} \sum\limits_{i=1}^{n}(x_i - \bar{x})$；$w_{ij}$ 表示行政区域 i 与行政区域 j 的空间权重，取值范围如下：

$$w_{ij} = \begin{cases} 1, & i \cap j \neq \varnothing \\ 0, & i \cap j = \varnothing \end{cases} \tag{5-3}$$

此外，本研究对全局 Moran's I 的显著性用标准化统计量 Z 进行了检验。Z 的计算公式为：

$$Z(I) = \frac{I - E(I)}{\sqrt{\text{VAR}(I)}} \tag{5-4}$$

式中，$E(I)$ 为全局 Moran's I 的数学期望；$\text{VAR}(I)$ 为全局 Moran's I 的方差。

$$P(I) = 2[1 - \Phi(|Z(I)|)] \tag{5-5}$$

P 取值不同，相关性选取空间也有所差异。

(1) P 取 0.05。

①当 $Z(I) \in (+1.96, +\infty)$ 时，存在空间正相关性，即样本点趋于空间集聚分布；

②当 $Z(I) \in (-\infty, -1.96)$ 时，存在空间负相关性，即样本点趋于空间离散分布；

③当 $Z(I) \in [-1.96, 0) \cap (0, +1.96]$ 时，不存在明显的空间自相关性；

④当 $Z(I) = 0$ 时，不存在空间相关性，即样本点趋于空间随机分布。

(2) P 取 0.01。

①当 $Z(I) \in (+2.58, +\infty)$ 时，存在空间正相关性，即样本点趋于空间集聚分布；

②当 $Z(I) \in (-\infty, -2.58)$ 时，存在空间负相关性，即样本点趋于空间离散分布；

③当 $Z(I) \in [-2.58, 0) \cap (0, +2.58]$ 时，不存在明显的空间自相关性；

④当 $Z(I) = 0$ 时，不存在空间相关性，即样本点趋于空间随机分布。

(3)P 取 0.1。

①当 $Z(I) \in (+1.65, +\infty)$ 时，存在空间正相关性，即样本点趋于空间集聚分布；

②当 $Z(I) \in (-\infty, -1.65)$ 时，存在空间负相关性，即样本点趋于空间离散分布；

③当 $Z(I) \in [-1.65, 0) \cap (0, +1.65]$ 时，不存在明显的空间自相关性；

④当 $Z(I) = 0$ 时，不存在空间相关性，即样本点趋于空间随机分布。

5.2.3.2　局部空间相关性特征

局部 Moran's I 指数由 Anselin 于 1995 年提出，用于度量局部空间自相关程度（Anselin，1995；Unwin and Unwin，1998）。本研究将使用局部 Moran's I 指数探讨社交媒体中自卑情绪的局部空间自相关性，以识别其空间聚集和分异特征。为此，本书必须逐一计算每个空间位置的局部空间自相关统计量的值。

给定 i 表示研究区域中第 i 个行政区，则行政区 i 的局部 Moran's I 指数 I_i 的计算公式为：

$$I_i = \frac{(x_i - \bar{x})}{S^2} \sum_{j=1}^{n} w_{ij}(x_j - \bar{x}) \tag{5-6}$$

局部 Moran's I 指数的显著性水平估算公式为：

$$Z(I_i) = \frac{I_i - E(I_i)}{\sqrt{\mathrm{VAR}(I_i)}} \tag{5-7}$$

本研究通过比较 $Z(I)$ 及 I 的值，将显著性水平达到阈值（$p = 0.05$）的行政区划分为高-高、低-低、高-低、低-高 4 类空间自相关关系。高-高、低-低表示空间上呈正相关性，也就是典型的空间聚集（其中，高-高表明该行政区域与其相邻区域均表现出较高的自卑情绪，而低-低表明该行政区域与其相邻区域均表现出较低的自卑情绪）；高-低、低-高反映空间负相关性，暗示了相邻行政区相差较大，也就是空间离散。其中，高-低表明自卑情绪较高的行政区域被相邻的低值区域包围，同理，低-高自卑情绪低的行政区域被相邻的高值区域包围。这 4 种关系类型与 I、$Z(I)$ 取值的关系如下：

①高-高型：$I \in (0, 1]$ 且 $Z(I) \in (+1.96, +\infty)$；

②低-低型：$I \in (0, 1]$ 且 $Z(I) \in (-\infty, -1.96)$；

③高-低型：$I \in [-1, 0)$ 且 $Z(I) \in (-\infty, -1.96)$；

④低-高型：$I \in [-1, 0)$ 且 $Z(I) \in (+1.96, +\infty)$。

5.3　关联因子探测

自卑情绪产生的原因多，且空间上存在分异性。想要更加深入地探讨自卑情绪产生的原因，分析其背后的关联因子（又称驱动因子）是一个可行的办法。基于以上分析，本研究利用地理加权回归模型，揭示自卑情绪空间分异特征及其背后的驱动因子。

5.3.1 关联因子选取

本研究分别从宏观及微观层面探讨自卑情绪空间分异特征，揭示其背后的关联因子。

在宏观层面，本研究选取 4 个直辖市、332 个地级行政区，共计 336 个行政区作为基本单元，从经济、社会、受教育程度 3 个层面 8 个维度对自卑情绪变化的空间特征进行研究(表 5-1)。表 5-1 中，国内生产总值(GDP)是指一段时间内(每年、每个季度或每个月)生产的所有终端产品和服务的市场价值的货币总额。GDP 估算通常用于评估一个国家或地区的经济发展水平。人均 GDP 是衡量一个国家或地区经济发展状况的重要宏观经济指标之一。人均 GDP 估算顾及了地区人口差异，在某种程度上能反映人民物质生活水平。因此，在比较国家与国家之间人民生活水平的差异时，常使用人均 GDP 这一指标。此外，本研究将 GDP 与人均 GDP 同时作为关联因子进行讨论的另一个原因是：当行政区之间的 GDP 差异不显著时，人均 GDP 可称为较重要的评价指标；同理，当行政区之间的人均 GDP 相差无几时，可通过 GDP 进行比对，使研究结果更具科学性。人口密度是指每平方公里区域内居住的人口数量。失业率是衡量失业普遍程度的一个指标，是指失业人数与当前劳动力人数的比值。根据上文分析，人与人之间的比较对个体自卑心理具有重要的影响，因此本研究采用人口密度和失业率作为评估社会的关联因子。根据城市统计年鉴中较为精细的分类，将在校生分为普通高等学校、中等职业教育学校、普通中学、普通小学 4 个层级，探讨自卑情绪对处于不同教育阶段的学生的影响，并对其在空间上的分异特征进行更加细化的研究。

表 5-1 关联因子指标体系

探测因素	指标	单位	探测因子
地区经济因素	地区 GDP	万元	X_1
	人均 GDP	元	X_2
社会因素	人口密度	人/平方千米	X_3
	失业率	%	X_4

续表5-1

探测因素	指标	单位	探测因子
受教育程度	普通高等学校	人	X_5
	中等职业教育学校	人	X_6
	普通中学	人	X_7
	普通小学	人	X_8

在微观层面，本研究通过编写网络爬虫程序，爬取了高德地图1300余万条POI数据，并从第3章爬取的数据中提取了帖子的签到坐标。在此基础上，以签到数据坐标为圆心，分别以1000 m、2000 m、5000 m为搜索半径，搜索在这3个距离阈值内的各类POI的数量(注：以下简称1000 m阈值、2000 m阈值、5000 m阈值)，作为1000 m、2000 m、5000 m距离阈值的地理回归模型的候选解释变量。此外，本书还计算了每个签到点最近的POI的可达性。通过以上分析，本书试图从不同尺度探讨自卑情绪与地物的相关性。POI的分类如表5-2所示。从表5-2中可以清楚地看到，高德地图POI分为三级，上一级与下一级之间是"父子关系"。在确定签到数据与POI的关系时，我们首先从POI的第三级分类中选取45种POI进行距离计算，在此基础上，分别统计三个距离阈值(1000 m、2000 m、5000 m)下每类POI的数量，以为后续探讨自卑情绪与地理实体间的关联与空间特征做好数据准备。

表 5-2　POI 分类表节选

一级		二级		三级	
代码	名称	代码	名称	代码	名称
08	体育休闲服务	0800	体育休闲服务场所	080000	体育休闲服务场所
		0801	运动场馆	080100	运动场所
				080101	综合体育馆
				080102	保龄球馆
				080103	网球场
				080104	篮球场馆
				080105	足球场
				080106	滑雪场
				080107	溜冰场

续表 5-2

一级		二级		三级	
代码	名称	代码	名称	代码	名称
09	医疗保健服务	0900	医疗保健服务场所	090000	医疗保健服务场所
		0901	综合医院	090100	综合医院
				090101	三级甲等医院
				090102	卫生院
		0902	专科医院	090200	专科医院
				090201	口腔医院
				090202	眼科医院
				090203	耳鼻喉医院
				090204	胸科医院
				090205	骨科医院
11	风景名胜	1100	风景名胜相关	110000	旅游景点
		1101	公园广场	110100	公园广场
				110101	公园
				110102	动物园
				110103	植物园
				110104	水族馆
				110105	城市广场
				110106	公园内部设施
		1102	风景名胜	110200	风景名胜
				110201	世界遗产
				110202	国家级景点
				110203	省级景点
				110204	纪念馆
				110205	寺庙道观
				110206	教堂
				110207	回教寺
				110208	海滩

5.3.2 关联因子共线性诊断

共线性是指解释变量之间的线性关系，其主要特征为解释变量间存在相关性，解释变量的物理含义相似或样本数据过少均有可能出现共线性。在线性回归模型中，解释变量之间存在共线性会导致模型不稳定或参数估计失真。特别是地理回归模型这种对共线性极其敏感的回归模型，解释变量导入模型前必须通过共线性检测。本研究中，无论宏观层面还是微观层面，数据样本的数据量都足够大，但是所选取的指标中，可能有多项指标存在共线性。所以在建模前必须对这些指标进行共线性检验。为此，本研究对所有解释变量做了相关性检测。

宏观层面的解释变量相关性计算结果如表 5-3 所示。从表 5-3 中可以看出，"普通中学"与"普通小学""中等职业教育学校"这两个解释变量的相关系数均超过 0.9。根据以往的研究，若两个解释变量的相关系数大于 0.90，则这两个变量存在多重共线性，必须将其中一个剔除。根据本研究的数据特点及应用需求，本书剔除了"普通小学"这个解释变量。最后，本研究选择导入地理加权回归模型的解释变量为：GDP（X_1）、人均 GDP（X_2）、人口密度（X_3）、失业率（X_4）、普通高等学校（X_5）、中等职业教育学校（X_6）、普通中学（X_7）。

在微观层面，本研究计算了签到数据与第三级分类中挑选出来的 45 种 POI 的关系，并将这 45 种 POI 的关系作为解释变量。但本书对这 45 个解释变量进行分析后发现，首先，并不是解释变量越多模型拟合效果越好。相反，解释变量过多会增加变量间的共线性风险。其次，POI 的第三级分类过于精细，直接将其作为解释变量会导致过多的噪声。因此，经过反复的实验，本研究最终决定以第一级分类作为主要关联，同时兼顾第二级和第三级分类，从微观层面探讨 POI 对自卑情绪的影响并探测其关联因子。

上文选取的 45 个第三级分类的 POI 归属于 11 种一级分类 POI。这 11 种解释变量在签到数据的距离阈值为 1000 m、2000 m 和 5000 m 时的相关性计算结果分别见表 5-4、表 5-5、表 5-6。表 5-7 为签到数据与 11 种解释变量的最短距离的相关性计算结果。表 5-4（即距离阈值 1000 m 时）的解释变量相关系数矩阵以及表 5-7（即与最近 POI 距离最短时）的解释变量相关系数矩阵中的 11 个解释变量的相关性都低于 0.9，故本书以距离阈值为 1000 m 以及最短距离建模时，这 11 种解释变量全选。距离阈值为 2000 m 时（表 5-5），医疗保健服务、生活服务、餐饮服务这三个解释变量的相关系数超过 0.9。距离阈值为 5000 m 时（表 5-6），餐饮服务、购物服务、医疗保健服务、科教文化服务、生活服务这几个解释变量的相关系数大于 0.9。根据本研究的数据特点及应用需求，本书以距离阈值为 2000 m 进行建模时，解释变量确定为金融保险服务、体育休闲服务、风景名胜、购物服务、住宿服务、公司企业、汽车服务、医疗保健服务、科教文化服务、餐饮服务；以距离阈值为 5000 m 进行建模时，解释变量确定为金融保险服务、体育休闲服务、风景名胜、购物服务、住宿服务、公司企业、汽车服务、科教文化服务。

表 5-3　宏观层面的解释变量相关系数矩阵

	GDP	人均 GDP	人口密度	失业率	普通高等学校	中等职业教育学校	普通中学	普通小学
GDP	1	0.6095875	0.5129282	−0.244567	0.7079929	0.6118787	0.5096174	0.5038822
人均 GDP	0.6095875	1	0.2566196	−0.288634	0.3807662	0.1402191	−0.053244	−0.0395722
人口密度	0.5129282	0.2566196	1	−0.2524616	0.3545232	0.4380679	0.4266549	0.4495504
失业率	−0.244567	−0.288634	−0.2524616	1	−0.123516	−0.1973843	−0.1778539	−0.2084604
普通高等学校	0.7079929	0.3807662	0.3545232	−0.123516	1	0.7577585	0.460359	0.413945
中等职业教育学校	0.6118787	0.1402191	0.4380679	−0.1973843	0.7577585	1	0.9089375	0.7479692
普通中学	0.5096174	−0.053244	0.4266549	−0.1778539	0.460359	0.9089375	1	0.9497532
普通小学	0.5038822	−0.0395722	0.4495504	−0.2084604	0.413945	0.7479692	0.9497532	1

表 5-4　微观层面的解释变量相关系数矩阵(距离阈值为 1000 m)

	金融保险服务	体育休闲服务	风景名胜	购物服务	住宿服务	公司企业	汽车服务	医疗保健服务	生活服务	科教文化服务	餐饮服务
金融保险服务	1	0.258054	0.54573	0.708093	0.374026	0.580434	0.450486	0.779661	0.810239	0.741757	0.759645
体育休闲服务	0.258054	1	0.177143	0.206048	0.144589	0.172138	0.127643	0.226165	0.247911	0.225798	0.242124
风景名胜	0.54573	0.177143	1	0.515057	0.570639	0.495653	0.364613	0.53346	0.617349	0.568234	0.628598
购物服务	0.708093	0.206048	0.515057	1	0.346749	0.590204	0.435572	0.637905	0.706834	0.634542	0.698677
住宿服务	0.374026	0.144589	0.570639	0.346749	1	0.252742	0.303456	0.425084	0.475589	0.400932	0.564024
公司企业	0.580434	0.172138	0.495653	0.590204	0.252742	1	0.374294	0.470371	0.609756	0.573259	0.59696
汽车服务	0.450486	0.127643	0.364613	0.435572	0.303456	0.374294	1	0.533099	0.556924	0.460741	0.563928
医疗保健服务	0.779661	0.226165	0.53346	0.637905	0.425084	0.470371	0.533099	1	0.867284	0.789539	0.812785
生活服务	0.810239	0.247911	0.617349	0.706834	0.475589	0.609756	0.556924	0.867284	1	0.779558	0.898342
科教文化服务	0.741757	0.225798	0.568234	0.634542	0.400932	0.573259	0.460741	0.789539	0.779558	1	0.749802
餐饮服务	0.759645	0.242124	0.628598	0.698677	0.564024	0.59696	0.563928	0.812785	0.898342	0.749802	1

表 5-5　微观层面的解释变量相关系数矩阵（距离阈值为 2000 m）

	金融保险服务	体育休闲服务	风景名胜	购物服务	住宿服务	公司企业	汽车服务	医疗保健服务	科教文化服务	生活服务	餐饮服务
金融保险服务	1										
体育休闲服务	0.384019	1									
风景名胜	0.689052	0.285904	1								
购物服务	0.805892	0.320159	0.693283	1							
住宿服务	0.498823	0.221625	0.659114	0.511011	1						
公司企业	0.643536	0.265634	0.620476	0.684015	0.365389	1					
汽车服务	0.624595	0.2381	0.567066	0.626856	0.48706	0.489069	1				
医疗保健服务	0.830354	0.326933	0.689193	0.757698	0.565992	0.541681	0.718992	1			
科教文化服务	0.828447	0.323472	0.714444	0.777039	0.538679	0.660295	0.662215	0.875412	1		
生活服务	0.848561	0.354353	0.746485	0.810548	0.594365	0.685833	0.738344	0.908279	0.858333	1	
餐饮服务	0.81079	0.339074	0.761975	0.795395	0.67735	0.666609	0.74088	0.87342	0.837201	0.934961	1

表 5-6　微观层面的解释变量相关系数矩阵（距离阈值为 5000 m）

	金融保险服务	体育休闲服务	风景名胜	购物服务	住宿服务	公司企业	汽车服务	医疗保健服务	科教文化服务	生活服务	餐饮服务
金融保险服务	1										
体育休闲服务	0.515638	1									
风景名胜	0.81424	0.401079	1								
购物服务	0.886231	0.439141	0.847514	1							
住宿服务	0.698102	0.333298	0.787683	0.741745	1						
公司企业	0.719497	0.372154	0.757219	0.773335	0.57812	1					
汽车服务	0.764956	0.35627	0.791991	0.811089	0.740336	0.640602	1				
医疗保健服务	0.86594457	0.41916777	0.83294002	0.86418057	0.77758079	0.64276445	0.88531494	1			
科教文化服务	0.887953	0.426781	0.853413	0.89044	0.778756	0.75075	0.85249	0.93769176	1		
生活服务	0.879907	0.455822	0.876852	0.903914	0.779864	0.795536	0.88656	0.931478	0.925434	1	
餐饮服务	0.852901	0.424706	0.875285	0.887551	0.815606	0.779248	0.886101	0.918847	0.914853	0.968934	1

表 5-7 微观层面的解释变量相关系数矩阵（签到点与 POI 可达性）

	金融保险服务	体育休闲服务	风景名胜	购物服务	住宿服务	公司企业	汽车服务	医疗保健服务	科教文化服务	生活服务	餐饮服务
金融保险服务	1	0.728523955	0.633506	0.688417	0.44584	0.305017	0.645877	0.413477	0.674158	0.665547	0.405
体育休闲服务	0.728523955	1	0.805457	0.796603	0.522395	0.239679	0.790967	0.305116	0.861938	0.853559	0.361492
风景名胜	0.633506413	0.805456507	1	0.692726	0.499797	0.270464	0.689018	0.31339	0.758288	0.77878	0.387863
购物服务	0.688416857	0.796603041	0.692726	1	0.448441	0.226351	0.62296	0.283778	0.720084	0.683173	0.337495
住宿服务	0.445840171	0.522394853	0.499797	0.448441	1	0.338974	0.48972	0.472918	0.470143	0.644086	0.499955
公司企业	0.305017478	0.239678743	0.270464	0.226351	0.338974	1	0.291263	0.594294	0.241793	0.350661	0.559054
汽车服务	0.645876951	0.790966867	0.689018	0.62296	0.48972	0.291263	1	0.363092	0.738072	0.75764	0.379692
医疗保健服务	0.413477478	0.305115814	0.31339	0.283778	0.472918	0.594294	0.363092	1	0.306144	0.452286	0.62323
科教文化服务	0.674157885	0.86193016	0.758288	0.720084	0.470143	0.241793	0.738072	0.306144	1	0.76022	0.341123
生活服务	0.6655468	0.853559275	0.77878	0.683173	0.644086	0.350661	0.75764	0.452286	0.76022	1	0.506007
餐饮服务	0.405000497	0.361492155	0.387863	0.337495	0.499955	0.559054	0.379692	0.62323	0.341123	0.506007	1

5.3.3 关联因子相对重要性分析

本研究使用平均半偏相关系数平方法对拟合后的地理加权回归模型中的每一个解释变量的贡献程度进行了量化，目的是揭示解释变量对模型的重要程度。

平均半偏相关系数平方法又称 LMG 法，由 Lindeman、Merenda 和 Gold 三位学者于 1980 年提出，并以三位学者名字首字母命名（Lindeman，1980）。1987 年，学者 Kruskal 在其论文 *Correction：Relative Importance by Averaging Over Orderings* 和 *Relative Importance by Averaging Over Orderings* 中对该算法进行了详细的解读，引起了广泛的关注（Kruskal，1987a；Kruskal，1987b）。LMG 法无须对模型进行归一化校正和非负校正，而是将每个回归变量的独立贡献和与其余回归变量的交互贡献都考虑在内，是评价多元线性回归模型中的回归变量的相对重要性较有效的评估指标（孙红卫等，2012）。

给定 n 个自变量及其全排列 $n!$，第 i 个进入方程的自变量 x_i 的贡献 $\mathrm{LMG}(x_i)$ 可表示为（贾孝霞等，2014）：

$$\mathrm{LMG}(x_i) = \frac{1}{n!} \sum_{r_{permutation}} R^2(x_i \mid r) \tag{5-8}$$

式中：$r_{permutation} = (r_1, r_{2!}, \cdots, r_{n!})$；$R^2(x_i \mid r)$ 为第 r 个排序中 x_i 的连续平方和。

5.3.4 地理加权回归模型

本节中，我们将在考虑自卑情绪数据的空间属性的情况下，利用地理回归加权模型，对可能影响自卑情绪的因素进行回归分析，并通过回归系数的空间变化规律探测各因素对自卑情绪空间异质性的影响程度。

地理加权回归模型定义式为：

$$y_i = \beta_{i0}(u_i, v_i) + \sum_{k=1}^{m} \beta_{ik}(u_i, v_i) x_{ik} + \xi_i, \ i \in [1, n] \tag{5-9}$$

式中：y_i 为样本点 i 的被解释变量值；(u_i, v_i) 为样本点 i 的空间坐标；$\beta_{i0}(u_i, v_i)$ 为样本点 i 的空间截距；$\beta_{ik}(u_i, v_i)$ 为样本点 i 的解释变量 k 的回归系数；x_{ik} 为样本点 i 的第 k 个解释变量；ξ_i 为样本点 i 的残差，服从数学期望为 0，方差为 σ^2 的正态分布为：

$$\xi_i \sim N(0, \sigma^2) \tag{5-10}$$

且满足：

$$\mathrm{Cov}(\xi_i, \xi_j) = 0, \ i \neq j \tag{5-11}$$

为了表达方便，地理加权回归模型常被写为：

$$y_i = \beta_{i0} + \sum_{k=1}^{m} \beta_{ik} x_{ik} + \xi_i, \ i \in [1, n] \tag{5-12}$$

式中：当 $\beta_{1k} = \beta_{2k} = \cdots = \beta_{mk}$，即回归系数为定值时，地理回归加权回归模型变为普通多元线性回归模型。

5.3.4.1 估计方法

地理回归加权回归模型中，不同样本点的回归系数须不同。Brunsdon 等依据"在对采样点的回归参数进行估算时，观测数据的重要性与该观测点到采样点的距离成正比"的思想，采用了加权最小二乘法进行估计（Brunsdon 等，1996）。其数学表达式如下：

给定区域内任意采样点 i，存在函数 $f_i(\beta_{i0}, \beta_{i1}, \cdots, \beta_{im})$，使得：

$$f_i(\beta_{i0}, \beta_{i1}, \cdots, \beta_{im}) = \min\left[\sum_{j=1}^{n} w_{ij}\left(y_j - \beta_{i0} - \sum_{k=1}^{m} \beta_{ik} x_{ik}\right)^2\right], \ i \in [1, n] \tag{5-13}$$

式中：w_{ij} 为样本点 i 关于样本点 j 的核函数，是样本点 i 与样本点 j 距离的单调递减函数。令 $\boldsymbol{\beta}_i = (\beta_{i0}, \beta_{i1}, \cdots, \beta_{im})^T$，$\boldsymbol{W}_i = \text{diag}(w_{i1}, w_{i1}, \cdots, w_{in})$，则样本点 i 的回归系数参数估计值 $\hat{\boldsymbol{\beta}}_i$ 为：

$$\hat{\boldsymbol{\beta}}_i = (\boldsymbol{X}^T \boldsymbol{W}_i \boldsymbol{X})^{-1} \boldsymbol{X}^T \boldsymbol{W}_i \boldsymbol{y} \tag{5-14}$$

式中：

$$\boldsymbol{X} = \begin{pmatrix} 1 & x_{i1} & x_{i2} & \cdots & x_{im} \\ 1 & x_{21} & x_{22} & \cdots & x_{2m} \\ \vdots & \vdots & \vdots & & \vdots \\ 1 & x_{n1} & x_{n2} & \cdots & x_{nm} \end{pmatrix}, \ \boldsymbol{y} = (y_1, y_2, \cdots y_n)^T \tag{5-15}$$

则样本点 i 的估计值 $\hat{y}_i$ 为：

$$\hat{y}_i = \boldsymbol{X}_i \hat{\boldsymbol{\beta}}_i = \boldsymbol{X}_i (\boldsymbol{X}^T \boldsymbol{W}_i \boldsymbol{X})^{-1} \boldsymbol{X}^T \boldsymbol{W}_i \boldsymbol{y} \tag{5-16}$$

式中：$\boldsymbol{X}_i$ 为矩阵 $\boldsymbol{X}$ 的第 i 行向量；各样本点的估计值 $\hat{\boldsymbol{y}}$ 为：

$$\hat{\boldsymbol{y}} = \begin{pmatrix} \hat{y}_1 \\ \hat{y}_2 \\ \vdots \\ \hat{y}_n \end{pmatrix} = \begin{pmatrix} \boldsymbol{X}_1 (\boldsymbol{X}^T \boldsymbol{W}_1 \boldsymbol{X})^{-1} \boldsymbol{X}^T \boldsymbol{W}_1 \\ \boldsymbol{X}_2 (\boldsymbol{X}^T \boldsymbol{W}_2 \boldsymbol{X})^{-1} \boldsymbol{X}^T \boldsymbol{W}_2 \\ \vdots \\ \boldsymbol{X}_n (\boldsymbol{X}^T \boldsymbol{W}_n \boldsymbol{X})^{-1} \boldsymbol{X}^T \boldsymbol{W}_n \end{pmatrix} \tag{5-17}$$

式中：若令

$$\boldsymbol{H} = \begin{pmatrix} \boldsymbol{X}_1 (\boldsymbol{X}^T \boldsymbol{W}_1 \boldsymbol{X})^{-1} \boldsymbol{X}^T \boldsymbol{W}_1 \\ \boldsymbol{X}_2 (\boldsymbol{X}^T \boldsymbol{W}_2 \boldsymbol{X})^{-1} \boldsymbol{X}^T \boldsymbol{W}_2 \\ \vdots \\ \boldsymbol{X}_n (\boldsymbol{X}^T \boldsymbol{W}_n \boldsymbol{X})^{-1} \boldsymbol{X}^T \boldsymbol{W}_n \end{pmatrix} \tag{5-18}$$

则式(5-17)可表示为：$\hat{y}=Hy$。此时，观测值 y 与估计值 $\hat{y}$ 的差值即为残差 $\hat{\xi}$，可表示为：

$$\hat{\xi}=y-\hat{y}=(I-H)y \tag{5-19}$$

那么，残差平方和 RSS 的计算公式为：

$$\mathrm{RSS}=\hat{\xi}^{\mathrm{T}}\hat{\xi}=\left[(I-H)y\right]^{\mathrm{T}}\left[(I-H)y\right]=y^{\mathrm{T}}(I-H)^{\mathrm{T}}(I-H)y \tag{5-20}$$

若地理加权回归模型构建合理，则估计值十分接近真实值。此时，估计值 $\hat{y}_i$ 可看作 $E(\hat{y}_i)$ 的无偏估计，残差平方和 RSS 可进一步表示为：

$$\mathrm{RSS}=\xi^{\mathrm{T}}(I-H)^{\mathrm{T}}(I-H)\xi \tag{5-21}$$

从而，$E(\mathrm{RSS})$ 可表示为：

$$E(\mathrm{RSS})=\sigma^2\left[n-2\mathrm{tr}(H)+\mathrm{tr}(H^{\mathrm{T}}H)\right] \tag{5-22}$$

式中：$n-2\mathrm{tr}(H)+\mathrm{tr}(H^{\mathrm{T}}H)$ 为地理加权回归方程的有效自由度，一般情况下，$\mathrm{tr}(H)-\mathrm{tr}(H^{\mathrm{T}}H)\approx0$。因此，误差方差 σ^2 的无偏估计为：

$$\hat{\sigma}^2=\frac{\mathrm{RSS}}{n-\mathrm{tr}(H)} \tag{5-23}$$

5.3.4.2　空间核函数

地理加权模型的空间核函数包括自适应型核函数和固定型核函数。其中，自适应型核函数试图根据数据点的密度进行调整，求解最优解，而固定型核函数需在指定带宽内选取最优解。自适应型核函数可以在每个局部区域使用相同数量的观察值，而固定型核函数可以在每个局部区域使用相同的空间范围。空间核函数的选取是空间权重矩阵能否正确地定量表达要素间的空间关系的关键，空间权重矩阵是地理加权模型的核心。因此，选取的核函数是否合理，将直接影响地理加权回归模型的性能。下面对几种常见的空间核函数进行分析。

（1）距离阈值函数。

距离阈值函数的思想：将估计点 i 和样本点 j 的距离 d_{ij} 与给定阈值 D 进行比较，当 $D>d_{ij}$ 时，权重 w_{ij} 取值为 1，否则取值为 0。数学表达式如下：

$$w_{ij}=\begin{cases}1, & D\geq d_{ij}\\0, & D<d_{ij}\end{cases} \tag{5-24}$$

距离阈值函数的关键在于选取恰当的阈值。该核函数简单，但不符合距离衰减的既定思想，所以并没有被广泛使用。

（2）距离反比函数。

地理学第一定律指出，空间中所有事物都是相关联的，其相关性与事物间的距离成反比。因此，权重和距离的关系可用连续单调递减函数进行度量。其可用如下公式描述：

$$w_{ij}=\frac{1}{d_{ij}{}^{\alpha}} \tag{5-25}$$

式中：d_{ij} 为样本点 i 与样本点 j 之间的距离。α 为常数，当 $\alpha=1$ 时，w_{ij} 与 d_{ij} 互为倒数；当 $\alpha=2$ 时，w_{ij} 为 d_{ij} 倒数的平方；当 $d_{ij}=0$ 时，w_{ij} 趋近于无穷大，需要进行修正。

（3）高斯函数。

高斯函数是连续单调递减函数，也是目前最为常用的核函数，其数学表达式如下：

$$w_{ij} = \exp\left[-\frac{1}{2}\left(\frac{d_{ij}}{b}\right)^2\right] \tag{5-26}$$

式中：b 为描述权重 w_{ij} 与距离 d_{ij} 关系的非负递减参数，通常称为带宽。b 越大，w_{ij} 随 d_{ij} 递减的速度越慢，反之越快。当带宽 b 为 0 时，只有估计点上的权重为 1；当带宽 b 无穷大时，所有样本点权重都趋近于 1，变为全局回归。

（4）截尾型函数。

在高斯函数中，距离估计点较远的样本点对计算结果几乎没有影响。为了提高算法性能，在实际计算中，常将这些数据点截掉。常用的截尾型函数 Bi-square 的数学表达式为：

$$w_{ij} = \begin{cases} \left[1-\left(\frac{d_{ij}}{b}\right)^2\right]^2 \\ 0 \end{cases} \tag{5-27}$$

式中：带宽 b 之外的观测点数据的权重 w_{ij} 为 0；带宽 b 之内，d_{ij} 趋近于 b 时，w_{ij} 趋近于 0。

5.3.4.3　最优带宽

地理加权回归模型对核函数带宽非常敏感，带宽过大会增加噪声，导致估计偏差过大，带宽过小则会造成过拟合。因此，确定合适的带宽对模型的性能十分重要。目前，主流的带宽选择方法有如下几种。

（1）交叉验证法（cross-validation，CV）。

交叉验证法是 Cleveland 于 1979 年提出的，最初主要用于局部回归的验证，后来成为最优参数探测使用最广泛的方法。该方法首先根据研究范围选取合适的带宽，然后对带宽内的样本点进行逐一遍历，在此基础上，计算最优带宽。

交叉验证法的计算公式为：

$$\mathrm{CV} = \frac{1}{n}\sum_{i=1}^{n}\left[y_i - \hat{y}_{\neq i}(b)\right]^2 \tag{5-28}$$

式中：$\hat{y}_{\neq i}(b)$ 表示在进行拟合计算时，不考虑拟合点本身。

（2）AIC 准则法（Akaike information criterion，AIC）。

AIC 准则法又称"最小信息准则法"，是 Akaike 于 1974 年提出的一种基于极大似然估计原理改进的统计模型识别和评价方法。此后，Fotheringham 等（2002）在 Akaike 的基础上进行了改进，并将其应用于地理加权回归分析中核函数带宽的选择。AIC 的特点是模型参数的最大似然估计量一旦确定，就很容易计算 AIC。

AIC 准则法的计算公式为：

$$\text{AIC} = 2n\ln(\hat{\sigma}) + n\ln(2\pi) + n\frac{n + \text{tr}(H)}{n - 2 - \text{tr}(H)} \tag{5-29}$$

式中：n 为样本点数量；$\hat{\sigma}$ 为随机误差项的最大似然估计。

5.4 关联因子交互作用分析

本研究使用了地理探测器揭示关联因子间的交互作用，其模型的数学表达式如下：

$$Q_{D,H} = 1 - \frac{1}{n\sigma_H^2}\sum_{i=1}^{n} n_{D,i}\sigma_{H_{D,i}}^2 \tag{5-30}$$

式中：$Q_{D,H}$ 为自卑情绪关联因子 D 的解释力指标；n 为研究区域样本量；σ_H^2 为研究区域自卑情绪帖子数量的方差；$n_{D,i}$ 为关联因子 D 在第 i 类样本中的数量；$\sigma_{H_{D,i}}^2$ 为关联因子 D 在第 i 类样本中的方差；$Q_{D,H}$ 的取值范围为 0 到 1。

地理探测器探测解释变量交互作用的目的是通过探测两个解释变量 x_1、x_2 分别作用于因变量 y 时的 Q 值（以及 x_1 和 x_2 同时作用于因变量 y 的 Q 值），评估解释变量 x_1 和 x_2 同时作用于因变量 y 时，是否增加或减弱了对因变量 y 的解释力，或者这些解释变量对因变量 y 的影响是否是相互独立的。解释变量 x_1、x_2 对因变量 y 交互作用的关系类型有如下 5 类：①$\{-\infty, \min[Q(x_1), Q(x_2)]\}$；②$\{\min[Q(x_1), Q(x_2)], \max[Q(x_1), Q(x_2)]\}$；③$\{\max[Q(x_1), Q(x_2)], [Q(x_1)+Q(x_2)]\}$；④$[Q(x_1)+Q(x_2)]$；⑤$[Q(x_1)+Q(x_2), +\infty]$，如表 5-8 所示。

表 5-8 解释变量对因变量交互作用的关系类型

图例	描述	交互作用
	$Q(x_1 \cap x_2) < \min[Q(x_1), Q(x_2)]$	非线性减弱
	$\min[Q(x_1), Q(x_2)] < Q(x_1 \cap x_2) < \max[Q(x_1), Q(x_2)]$	非线性减弱（单因素）
	$Q(x_1 \cap x_2) > \max[Q(x_1), Q(x_2)]$	增强（双因素）
	$Q(x_1 \cap x_2) = Q(x_1) + Q(x_2)$	独立
	$Q(x_1 \cap x_2) > Q(x_1) + Q(x_2)$	非线性增强

5.5 实验结果及分析

5.5.1 实验环境及工具

本实验计算机的配置：操作系统为 Windows 7，处理器为 Intel Core i5-4670T @2.30GHz 四核，内存为 16 GB。其中，空间聚集演化分析的重力模型使用 Python 语言进行编写，Python 版本为 py2.7，IDE 版本为 PyCharm Community Edition 2017.2.3 x64；空间相关性分析使用 ArcGis10.2；地理加权模型使用 MATLAB 进行编写，版本为 R2016b。关联因子交互作用分析使用地理探测器。

5.5.2 实验数据

本实验的数据主要来源于 4 个方面：①社交媒体中自卑情绪的空间位置数据，来源于第 3 章 3.2 节收集的发布于 2011 年 1 月 1 日—2018 年 1 月 1 日的自卑情绪数据的签到位置。②基础地理信息数据和空间行政边界数据，来源于国家测绘地理信息局发布的中国基础地理信息数据。研究区域包括 4 个直辖市、332 地级行政区，共计 336 个行政区划单元。③探测因子的经济、社会和在校学生人数数据，来源于《中国城市统计年鉴》(2011—2017)、《中国教育统计年鉴》(2011—2017)、《中国教育经费统计年鉴》(2011—2017)、《中国统计年鉴》(2010—2017)、《中国区域经济统计年鉴》(2010—2012)。需要说明的是，本研究主要使用的是《中国城市统计年鉴》(2011—2017)，其他年鉴仅用作参考。失业率统计数据只有《中国区域经济统计年鉴》能直接提供，但《中国区域经济统计年鉴》在 2012 年后未再更新，所以，本实验的失业率数据根据《中国城市统计年鉴》，同时参考《中国区域经济统计年鉴》(2011—2012)，利用失业率计算公式(5-31)得到。④高德地图 POI 数据，通过网络爬虫技术获取，并使用本体编辑软件 protégé 进行管理和推理(如图 5-1、图 5-2 所示)。

$$失业率 = \frac{失业人数}{(在业人数+失业人数)} \times 100\% \tag{5-31}$$

5.5.3 实验结果与分析

5.5.3.1 时空差异及演化特征分析

为了清晰地描述自卑情绪的演变趋势，本研究用自卑情绪浓度(某地区自卑情绪浓度可描述为该地区发帖数与总发帖数的比值)刻画自卑情绪的空间分布。本书绘制了 2012—2017 年社交媒体中自卑情绪空间格局演变图(图 5-3)和自卑情绪浓度变化图(图 5-4)，以探讨自卑情绪时空演化特征。

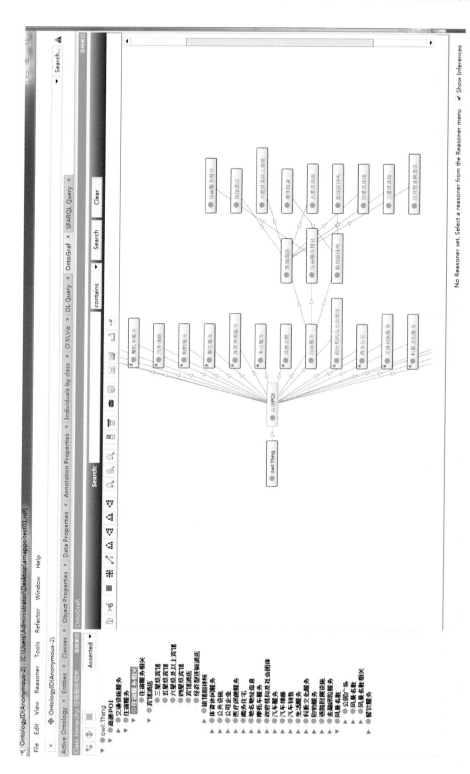

图 5-1　protégé 中的高德地图 POI

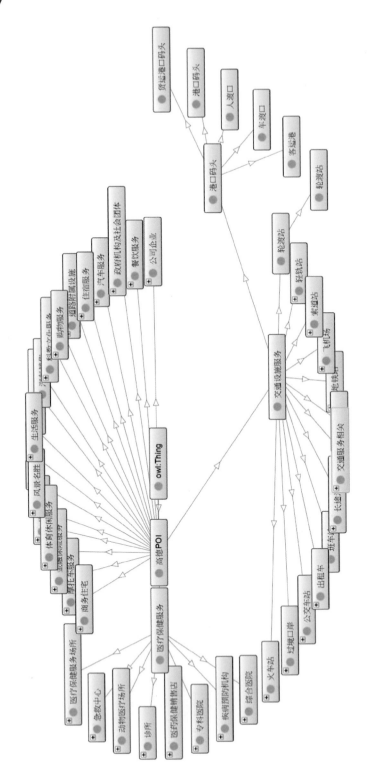

图5-2 protégé中的高德地图 POI 推理结构示意图

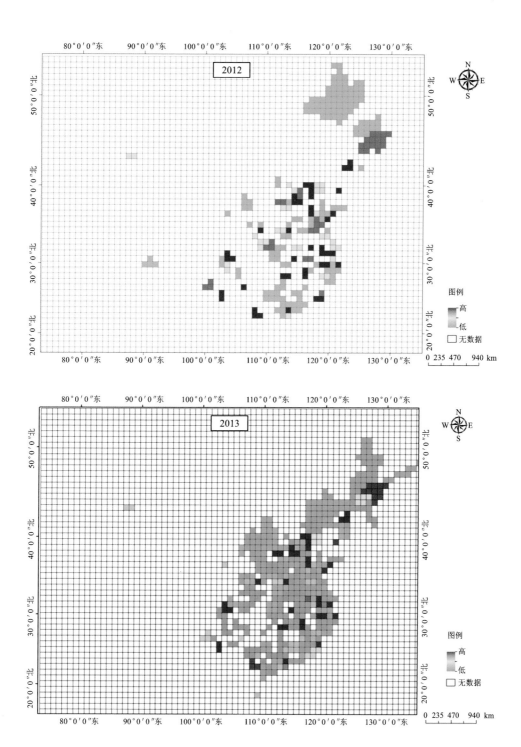

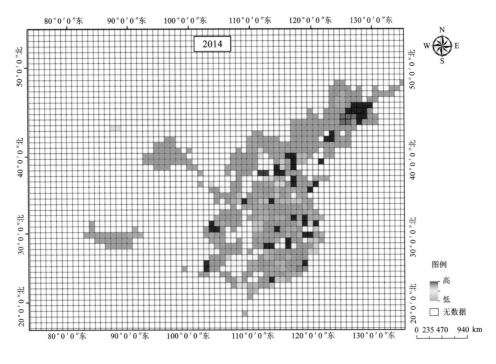

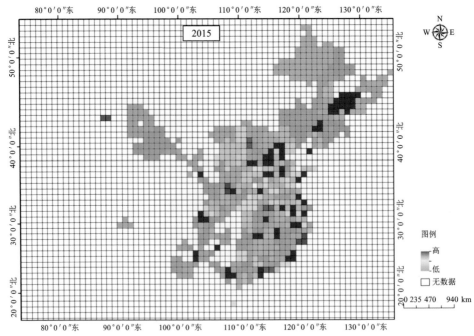

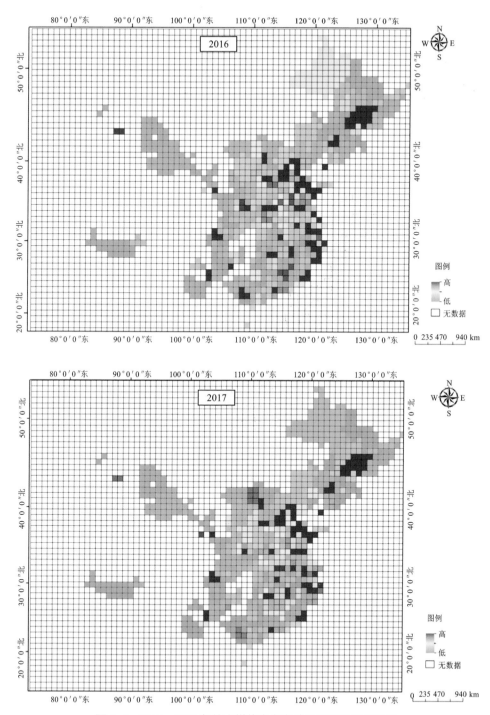

图 5-3　2012—2017 年社交媒体中自卑情绪空间格局演变图

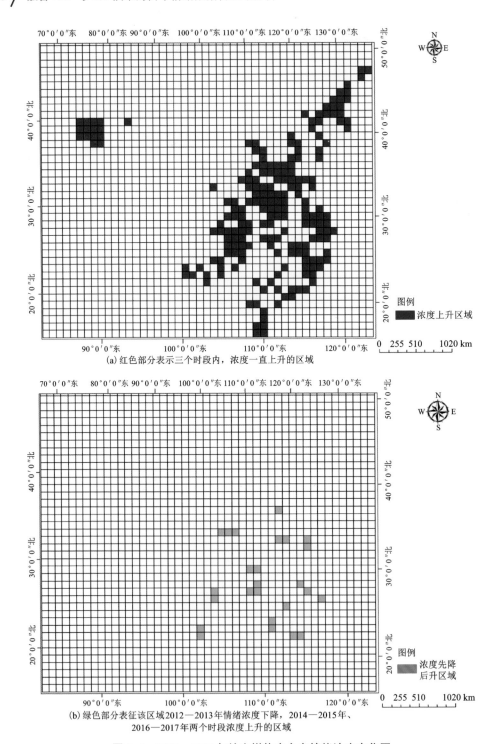

(a) 红色部分表示三个时段内，浓度一直上升的区域

(b) 绿色部分表征该区域2012—2013年情绪浓度下降，2014—2015年、2016—2017年两个时段浓度上升的区域

图 5-4　2012—2017 年社交媒体中自卑情绪浓度变化图

从图 5-3、图 5-4 中可以看出，2012—2017 年自卑情绪浓度变化有如下几个特点：①北京、上海、广州 3 个一线城市一直是研究时间区间内自卑情绪浓度最高的地区，接下来是天津、郑州、厦门等地。②整体上看，自卑情绪在空间上存在明显的聚集。东部地区高浓度情绪较为集中，呈明显带状分布；京津冀、长三角地区情绪浓度较高；西部地区整体情绪浓度比东部地区低，高浓度地区呈离散状态分布，几个浓度较高的地区包括重庆、成都、兰州。③如果引入人口密度和经济因素会发现，在胡焕庸线（我国人口密度对比线）以东，经济发达地区保持着较高的情绪浓度，人口越密集、经济越发达的地区，情绪浓度越高。④情绪浓度保持增长的地区主要分布于胡焕庸线以东，包括哈尔滨、沈阳、大连、天津、苏州、杭州、济南、石家庄、武汉、西安、成都、重庆、昆明、深圳等地。其中，济南、苏州在 2017 年与北京一起成为情绪浓度最高的地区。总体来说，自卑情绪浓度具有空间聚集性，且与人口密度、经济发达程度存在空间上的关联性。

本研究使用重力模型考察 2012—2017 年自卑情绪浓度重心在空间上的移动方向、轨迹与速率，如图 5-5 所示。由图可知，重心移动有如下几个特点：①从情绪浓度重心移动的区域看，重心分布于河南省境内，分别位于南阳市、平顶山市、许昌市、洛阳市，整体呈现由南向北的移动趋势，移动速度逐渐减慢。②2012—2013 年情绪浓度重心呈现出快速向东北方向移动的趋势（由南阳北部移至许昌东部），移动距离达到 112.92 km，该时间段东部地区自卑情绪浓度增加明显。2013—2014 年情绪浓度重心呈现由东向西移动的趋势，（由许昌市东部移至平顶山市西部），移动速度较 2012—2013 年慢，年移动距离为 79.61 km。2014—2015 年情绪浓度重心整体呈缓慢向西北方向移动的态势（由平顶山市西部移动至洛阳市中部），年平均移动距离为 61.70 km。2014—2015 年情绪浓度重心再次向西北方向移动，年移动距离为 61.70 km。2015—2017 年情绪浓度重心呈先北后南的移动趋势，但都位于洛阳市境内，移动距离小，变化趋势较稳定。一个可能的原因是，2015 年后，我国对心理健康更加重视，全国范围内实行教育体制改革，在中小学课程中增加了心理健康教育内容，很多大学也增加了心理辅导课程，并设立了心理咨询中心。同时，很多公司（或机构）配备了专门的心理医生对员工进行辅导。总体来看，情绪浓度重心移动范围小，移动速率慢，自卑情绪在空间上存在显著的聚集，这一点与我们上文分析的结论一致。

基于以上分析结果，把中国大陆作为一个空间整体来看待，结合空间相互作用理论发现，自卑情绪的空间分布主要受 4 个方向的"驱动力"影响，其大小顺序依次为：西北方向>东北方向>正东方向>东南方向。而不同地区的"驱动力"大小可能受区域经济发展水平、人民受教育水平、地理环境、人口密度等诸多因素的综合影响。

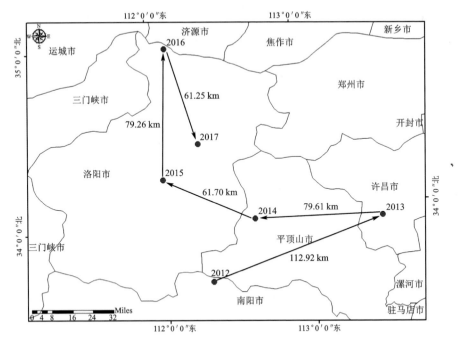

图 5-5　2012—2017 年自卑情绪总体分布重心变迁趋势图

5.5.3.2　空间相关性分析

为了定量分析自卑情绪空间分布模式,需要对自卑情绪数据进行全局自相关检验。图 5-6 为自卑情绪全局自相关检验结果,从图中可以看出,Moran's I = 0.059656, $Z = 4.571366 > 2.58$, $P = 0.00005 < 0.1$。由本章 5.2.3 节的分析可知,实验结果通过了 P 小于 0.01 的显著性检验,也就是说,实验结果在 99.9% 置信度下是显著的,表明自卑情绪具有空间自相关性,存在明显的空间聚集特征,自卑情绪浓度高的区域与自卑情绪浓度高的区域相邻,自卑情绪浓度低的区域与自卑情绪浓度低的区域相邻。

虽然通过全局自相关分析得到了自卑情绪存在空间聚集的结论,但聚集情况发生在哪些区域、局部区域是否存在异常值等问题,仍需要通过局部自相关进行分析。表 5-9 为将呈现显著空间局部自相关的地级市行政区域划分为四种类型后所做的 2012—2016 年自卑情绪局部空间聚集和异常值分析表。由表 5-9 可知,"高-高"类型,即自卑情绪年均浓度值高的集聚区域,在 2015 年及以前集中分布在京津冀、长三角地区,热点所包含的地级市行政区无较大变化,2016—2017 年山东省、长三角地区出现大幅增加;"高-低"类型,即被自卑情绪浓度较低的区域包围的情绪浓度较高的行政区域,零散地分布于哈尔滨、沈阳、兰州、成都、长沙、昆明、广州等省会城市。"高–低"类型包含的地级市行政区域个数在时序变化上呈先减少再增加又减少的趋势，在 2014 年前出现显著减少，直至最低值，但在 2015 年后开始增加，2016 年该类型的行政区域数量最多，2017 年又减少至两个城市。其余地级市行政区域均未呈现出显著的局部空间自相关。研究时段内，未发现呈现"低–低"或"低–高"局部空间自相关类型的地级市行政区域，自卑情绪浓度呈现局部空间自相关特性。

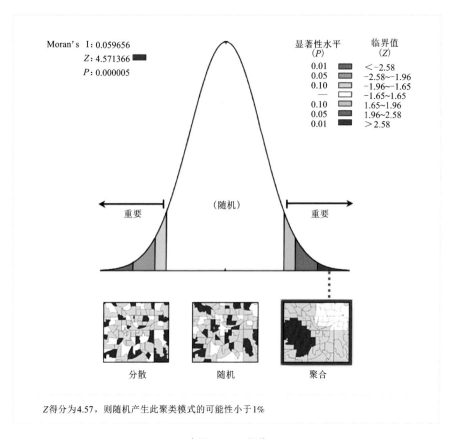

Z 得分为 4.57，则随机产生此聚类模式的可能性小于 1%

全局 Moran's I 汇总

Moran's I 指数：	0.059656
预期指数：	−0.002604
方差：	0.000185
Z：	4.571366
P：	0.000005

图 5–6　自卑情绪空间自相关检验结果

表 5-9   2012—2016 年自卑情绪局部空间聚集和异常值分析表

时间	类型			
	高-高	高-低	低-高	低-低
2012	天津、石家庄、太原	沈阳、长沙、广州		
2013	天津、石家庄、济南	成都		
2014	天津、石家庄、济南			
2015	天津、北京、盐城、上海	成都		
2016	北京、天津、保定、石家庄、太原、滨州、济南、青岛、潍坊、盐城、郑州、上海、苏州、南京、合肥、杭州、金华	哈尔滨、成都、昆明、长沙		
2017	北京、天津、石家庄、太原、滨州、济南、青岛、潍坊、郑州、宿迁、上海、苏州、南京、合肥、宁波、杭州	兰州、成都		

5.5.3.3   关联因子分析

5.5.3.3.1   关联因子重要性分析

本书将在多元线性拟合的基础上，计算各关联因子的解释力(LMG)。如图 5-7 所示，在宏观层面的指标中，GDP 在所有因子中具有最高的解释力，暗示着在候选的 7 个关联因子中，自卑情绪受经济因素的影响最大。有研究表明，GDP 总量高的地区，城市内部出现贫富差距过大现象的概率较其他地区高，根据比较心理学的观点，贫富差距大容易使人们产生心理上的落差，从而引起自卑。另外，在校大学生也是自卑情绪多发人群。在校大学生是一个即将步入社会的群体，面临着各方面的压力，容易产生心理问题，并且自卑情绪在大学生群体中较为常见，已有的研究表明，大学生的自卑主要来源于社交不自信和自尊受打击等方面(黄鸿，2015)。如果没有得到及时有效的疏导，大学生的心理问题将会更加严重，甚至影响个体的发展。

在微观层面的指标中，距离阈值为 1000 m、2000 m 和 5000 m 时，金融保险服务、购物服务、公司企业以及科教文化服务是对自卑情绪的影响相对重要性最高的 4 个关联因子(图 5-8)。其中，公司企业、金融保险服务、购物服务与经济因素紧密相关；学校是科教文化服务的子类，这也证明了经济和学校是影响自卑情绪的重要因素。这一结果与之前在心理学上有关自卑原因研究的结果相一致，

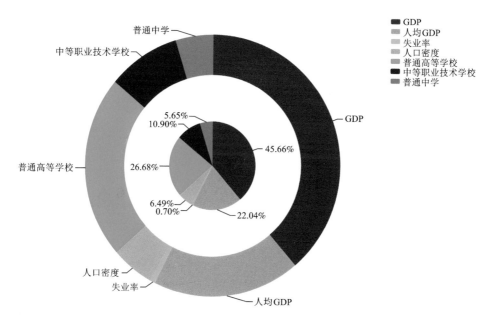

图 5-7　宏观层面关联因子解释力

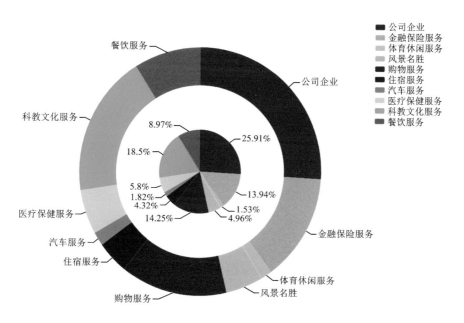

(a) 距离阈值为1000 m

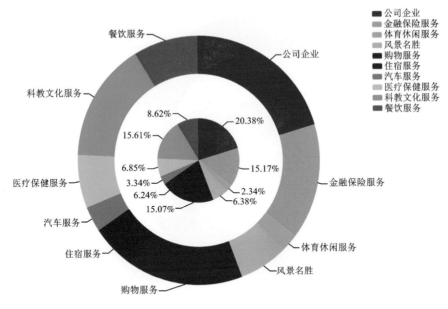

(b) 距离阈值为2000 m

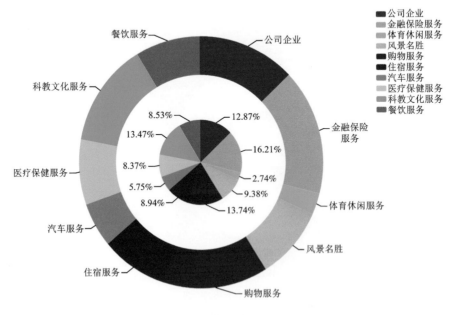

(c) 距离阈值为5000 m

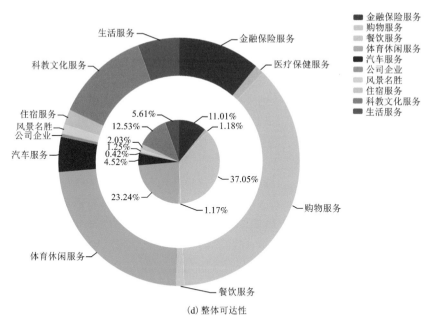

(d) 整体可达性

图 5-8　微观层面关联因子解释力

即经济、工作、学习、购物等是产生自卑的主要原因，这表明自卑情绪受外界因素影响较为显著。在距离阈值为 1000 m 时，公司企业对自卑情绪的解释力最强，随着距离阈值的增大（2000 m 时），公司企业的解释力逐渐减弱，这表明人们对于工作上的问题造成的自卑情绪倾向于离开公司后马上表露。而金融保险服务等与经济有关的场所对自卑情绪的解释力与距离阈值成正比，一个可能的原因是这些场合涉及个人的经济，多与隐私有关，所以在这些场合下，人们往往不会表露出自己的真实情感，这与人们的经验一致。相反，购物服务等对自卑情绪的影响与距离阈值的变化关系不大。

　　此外，在公共服务设施的可达性上，购物、体育休闲和科教服务场所是对自卑情绪影响最明显的几类 POI 设施［图 5-8(d)］。这些地方不仅提供了购物、健身和学习的机会，还为社会交往和个人成长构建了重要平台。购物场所容易让人进行消费能力和外貌的比较，从而产生自卑情绪；体育休闲设施与体型和人体健康密切相关，缺乏这些资源的人常常在外貌和自我认知上感到不安；科教服务则关系到个人成长和知识提升，设施的可达性差会让人觉得发展受限，特别是在与他人比较时更易产生自卑情绪。此外，公共服务设施还能提供社会支持和归属感，缺乏这些资源可能增加人的孤独感和边缘化感觉，从而进一步影响人的情绪。更重要的是，服务设施的可达性不仅关系到物质资源的获取，还涉及空间不平等和社会排斥的感知。在经济发展不平衡的地区，服务设施的可达性差异加剧了资源匮乏地区的剥夺感，这不仅体现为物质层面的不平等，也是一种象征性的排斥，令个体感到被排除在主流社会之外，进而产生自我否定和归属感缺失，加剧自卑情绪。因此，设施的可达性不仅影响个人的生活质量，还深刻影响其社会认同感和自我价值，从而显著影响自卑情绪。

5.5.3.3.2　回归系数统计结果分析

本小节中，GWR 模型用 MATLAB 编程实现。由于样本数据具有空间差异性和异质性，为便于计算权重，对核函数选用 Gaussian 函数，并利用 AIC 准则确定最优带宽，以估计回归系数。

在宏观层面(全国范围)，社会、经济及教育关联因子各解释变量的回归系数统计结果如表 5-10 所示。由表 5-10 可知，所有涉及的解释变量都存在方向异质性，这表明相关影响因子具有空间不平稳性。解释变量中，GDP、人口密度、普通高等学校、中等职业教育学校的回归系数中位数大于零，表明这些解释变量与自卑情绪浓度在研究区域内的大部分行政区域呈正相关关系，自卑情绪浓度随解释变量数值的增加而增加，其中，解释变量普通高等学校的所有指标均为正数，表明该因素与因变量的空间正相关关系最强；人均 GDP、失业率、普通中学的回归系数中位数均小于零，表明自卑情绪浓度在研究范围的大多数行政区内与解释变量数值成反比。失业率、人口密度的回归系数变化幅度最大，随空间位置的不同，其对因变量的影响程度有显著性差异。

表 5-10　关联因子各解释变量的回归系数统计结果

解释变量	均值	最小值	下四分位数	中位数	上四分位数	最大值
GDP(x_1)	0.000008	−0.000001	0.000008	0.000008	0.000009	0.000011
人均 GDP(x_2)	−0.000950	−0.001968	−0.001303	−0.000885	−0.000576	0.000109
人口密度(x_3)	0.009767	−0.085376	−0.023630	0.017047	0.045042	0.070324
失业率(x_4)	1.079402	−6.449895	−1.907221	−0.000013	4.167099	10.304298
普通高等学校(x_5)	0.000570	0.000164	0.000411	0.000517	0.000685	0.001119
中等职业教育学校(x_6)	0.000338	−0.000778	−0.000367	0.000382	0.000828	0.002234
普通中学(x_7)	−0.000187	−0.000673	−0.000268	−0.000163	−0.000073	0.000345

自卑情绪浓度在空间上呈现显著的差异，同一个解释变量对自卑情绪浓度的影响在空间上既有正向作用也有负向作用(表 5-10)。比如反映人口因素的失业率，其下四分位数为负数，上四分位数为正数，表明在失业率较低的地区人们产生自卑情绪的概率大于失业率高的地区，根据比较心理学的相关原理，自卑情绪

多源于与别人的比较,一个可能的原因是,当小部分人失业而大部分人有工作时,这一小部分失业人群会产生心理落差,从而产生较强的自卑情绪。相反,失业率相对较高、失业情况比较普遍的环境中,失业会被看作一件很平常的事,产生自卑情绪的概率大大降低。

在微观层面(城市内部),本书从 120 余万条自卑情绪帖子中获取了有签到坐标信息的数据 50130 条,并将中国地图划分为 8040667 个 1 km×1 km 的栅格,统计了每一个栅格中签到数据的数量,以此作为 GWR 模型的因变量。解释变量的选取过程在本章 5.3.1 小节做了详细介绍,在此不再赘述。地理加权模型在各尺度下对解释变量的回归系数统计结果见表 5-11~表 5-13。从这三个表的结果来看,各个解释变量在空间分布上均存在方向异质性,这表明各解释变量在空间上具有不平稳性特征。其中,在 1000 m 和 2000 m 距离阈值下的科教文化服务,以及在 5000 m 距离阈值下的公司企业和汽车相关服务,其回归系数中位数均为正值,表明这几类 POI 在相应的阈值范围内与自卑情绪在大部分研究单元内呈正相关关系,自卑情绪随这几类解释变量的增加而增加。其余的解释变量在 1000 m、2000 m 和 5000 m 距离阈值时的中位数接近于零,表明这几个解释变量在相应的距离阈值内对因变量既存在正相关关系又存在负相关关系,因此极有可能存在较强的空间异质性。从解释变量回归系数的变化情况来看,在 1000 m、2000 m 和 5000 m 距离阈值这三个尺度下,变化幅度最大的关联因子分别为风景名胜和住宿服务,变化幅度最小的关联因子都为公司企业。

表 5-11 解释变量回归系数统计结果(1000 m 距离阈值)

解释变量	均值	最小值	下四分位数	中位数	上四分位数	最大值
金融保险服务	0.004039	−64.583454	−0.033234	0.000000	0.042428	52.218902
体育休闲服务	0.044179	−38.451785	−0.041515	0.000000	0.050854	207.745201
风景名胜	−0.12991	−876.418992	−0.078569	0.000000	0.082772	1367.340936
购物服务	0.051574	−44.042804	−0.027769	0.000000	0.037667	266.711080
住宿服务	0.032969	−90.806795	−0.045601	0.000000	0.059502	224.442695
公司企业	0.006988	−27.838668	−0.009680	0.000000	0.015439	12.259731
汽车服务	0.178698	−164.131503	−0.081691	0.000000	0.116422	259.610847
医疗保健服务	0.024041	−103.898498	−0.054075	0.000000	0.046196	146.839428
生活服务	0.074244	−27.333410	−0.044279	0.000000	0.035888	200.157404
科教文化服务	0.141329	−47.733346	−0.022186	0.000560	0.107631	399.567859
餐饮服务	−0.05855	−277.700429	−0.025047	0.000000	0.037037	29.081934

表 5-12　解释变量回归系数统计结果（2000 m 距离阈值）

解释变量	均值	最小值	下四分位数	中位数	上四分位数	最大值
金融保险服务	0.07142152	−84.325095	−0.028055	0.000000	0.033504	269.243947
体育休闲服务	−0.3071883	−2458.739902	−0.039685	0.000000	0.035404	280.257461
风景名胜	−0.3987313	−723.824053	−0.075914	0.000000	0.079034	234.253075
购物服务	−0.0808496	−125.548500	−0.025490	0.000000	0.029035	39.311703
住宿服务	0.09052214	−225.519539	−0.038813	0.000000	0.048804	247.961659
公司企业	0.03508558	−6.253517	−0.006665	0.000000	0.013443	36.408402
汽车服务	0.12093964	−170.472591	−0.088609	0.000000	0.103227	657.180161
医疗保健服务	0.36569552	−123.396474	−0.043001	0.000000	0.034388	1474.17074
科教文化服务	0.04275639	−82.526494	−0.027339	0.001618	0.080730	88.561389
餐饮服务	−0.0862793	−200.332874	−0.024287	0.000000	0.024640	75.792985

表 5-13　解释变量回归系数统计结果（5000 m 阈值）

解释变量	均值	最小值	下四分位数	中位数	上四分位数	最大值
金融保险服务	0.054199221	−52.09100033	−0.026158286	0.000000	0.028570512	171.7010331
体育休闲服务	0.084956069	−104.0883183	−0.040601103	0.000000	0.026509736	509.9127028
风景名胜	0.064149312	−1008.731148	−0.077454621	0.000000	0.083259123	1664.676737
购物服务	−0.017837284	−201.05662	−0.020323262	0.000000	0.026201994	25.34445155
住宿服务	0.323688898	−139.7018235	−0.038602762	0.000000	0.040704039	4087.947663
公司企业	−0.045278476	−500.9602646	−0.005696403	0.000000	0.010126326	11
汽车服务	−0.062682487	−4998.441299	−0.097256111	0.000002	0.128783949	1754.111787
科教文化服务	−0.064923284	−469.3533436	−0.029156057	0.002433	0.060215678	377.5696699

　　表 5-14 为可达性回归系数统计结果，表中显示，11 个解释变量均存在空间上的方向异质性。其中购物服务、住宿服务回归系数中位数为正值，表示这几类 POI 的可达性对自卑情绪的影响在大部分研究单元内呈负相关关系；金融保险服务、体育休闲服务、风景名胜、公司企业、汽车服务、医疗保健服务、科教文化服务、生活服务、餐饮服务回归系数中位数均接近于零，表明这些影响因素的可达性与自卑情绪在有的研究单元内呈负相关关系，在有的研究单元内呈正相关关系，其空间上表现出明显的差异性。风景名胜的回归系数变化幅度最大，随空间位置的不同对自卑情绪的影响程度有显著变化；体育休闲服务的回归系数变化幅度最小，对因变量的影响程度较为稳定。

表 5-14　解释变量回归系数统计结果(签到点与 POI 可达性)

解释变量	均值	最小值	下四分位数	中位数	上四分数	最大值
金融保险服务	-0.000926	-17.000295	-0.000897	-0.000898	0.000720	1.838782
体育休闲服务	-0.000584	-1.385234	-0.000985	-0.000986	0.000588	0.876502
风景名胜	0.000304	-4.048202	-0.000041	-0.000042	0.000073	8.000253
购物服务	0.000234	-3.549549	-0.000407	-0.000408	0.000351	3.394512
住宿服务	-0.000452	-3.329314	-0.001083	-0.001084	0.001034	1.811354
公司企业	0.001594	-1.370249	-0.001392	-0.001393	0.001928	7.395985
汽车服务	-0.000043	-3.675098	-0.000694	-0.000695	0.000866	3.899556
医疗保健服务	-0.000578	-7.319478	-0.001306	-0.001307	0.001485	2.344348
科教文化服务	0.00065	-1.964693	-0.001075	-0.001076	0.000455	5.941492
生活服务	-0.00005	-4.426196	-0.001639	-0.001640	0.000869	3.390847
餐饮服务	-0.000846	-3.895561	-0.001623	-0.001624	0.001497	2.318739

综上,在不同距离阈值内,POI 可达性回归系数存在空间方向异质性,同一类 POI 对自卑情绪的影响既有正相关关系又有负相关关系。对关联因子回归系数的分析,有利于探究影响因素的空间差异性,进一步证明了影响因素的分布差异对自卑情绪有显著影响。

5.5.3.3.3　社会、经济及教育关联因子的空间分异特征

由图 5-9(a)和图 5-9(b)可知,GDP 对自卑情绪在空间分布上的影响主要表现为由东北到西南逐渐减弱,这表明 GDP 对自卑情绪的影响在东北地区大于西南地区。回归系数差异比较明显,说明 GDP 对自卑情绪的影响具有较强的空间异质性。人均 GDP 回归系数的绝对值与自卑情绪浓度呈现由东北到西南逐渐减弱的空间分布特征,表明人均 GDP 对西部地区的影响小于东部地区,回归系数差异明显,并且对自卑情绪的影响具有明显的空间差异。无论是 GDP 还是人均GDP,其回归系数都有正值和负值,这表明地区的经济和自卑这样的心理健康问题之间存在互相作用、互相影响的关系。一方面,经济发展水平越高的地区,人们对心理健康问题越关注。近年来,随着我国经济的快速发展,政府加大了在健康医疗产业的投入,积极完善地方健康医疗服务设施,提升健康医疗服务水平。同时,在很多学校、社区等人口聚集区域建立了心理咨询中心,并积极提升心理咨询的信息化水平,丰富人们获取心理咨询的途径。另一方面,根据以往的研究结果,社会经济快速发展过程中,社会贫富差距有可能增大,竞争压力也随之增大,社会矛盾逐渐增多且更加复杂,人与人之间会因物质、精神上的差异而产生心理落差,进而产生失落等负面情绪,导致自卑情绪急剧增加。但经济发展增长

速度较为稳定时，GDP 和人均 GDP 的增速趋于平缓，人与人之间的经济、物质水平差异缩小，自卑情绪浓度呈下降趋势。总体上看，自卑情绪与经济因素的关系呈倒"U"形曲线。我国东部地区经济实力强于西部，但长三角地区仍然是 GDP 回归系数高值聚集区[图 5-9(a)]，一个可能的原因是该地区 GDP 增长速度快，应该适当控制经济增长速度。综上所述，经济因素对自卑情绪是一把双刃剑。一方面，经济的发展，促进了人们生活质量的提高、医疗基础设施的完善、公民受教育程度的提高，心理健康教育逐渐得到重视，人们的心理抗压能力和心理调节能力显著增强，对自卑情绪的调节起到了促进作用；另一方面，经济的发展有可能带来社会生产和生活资料分配不均、贫富差距加大等问题，增加自卑情绪产生的概率。

图 5-9(c)为人口密度回归系数空间分布，从回归系数来看，人口密度与自卑情绪既存在正相关关系也存在负相关关系，其绝对值呈"U"形分布。呈正相关关系的地区主要集中于我国中部和西部部分省份，包括重庆、云南、贵州、四川、广西、海南、广东及陕西部分地区。呈负相关关系的地区主要集中于邻近黄海的省份，包括东北三省、山东、江苏、上海以及内蒙古、辽宁、安徽、浙江等部分地区。总体来说，自卑情绪对人口密度十分敏感，人口密度越大，个体在整体中所占的比重越小，人际关系变得越模糊，个体越容易受到整体的影响。在高人口密度地区，人们更容易进行社会比较，频繁观察到他人的行为和成就，从而增加自卑感。同时，这些地区虽然人与人之间接触的机会更多，但往往是表面的，深层次的社会支持可能较为缺乏，导致人容易产生孤立感和疏远感。高人口密度还伴随着高生活成本、拥挤的居住环境和快节奏的生活方式，这些因素都可能增加个体的生活压力和心理负担，进而导致心理问题和自卑情绪的产生。此外，个人隐私和空间的限制也会让个体感到不安全和焦虑，从而影响自尊和自我价值感。在低人口密度地区，社区联系更紧密，人们更容易建立深厚的社会关系和获得社会支持，有助于增强归属感和自我价值感，减少自卑情绪的发生。然而，不同地区的文化背景和社会价值观也会影响这种关系，比如一些高密度地区可能存在较强的功利主义和成功导向，强化了个人对自身成就的关注，从而增加了自卑情绪。综上所述，在资源有限的空间中，人口密度的上升，会导致人与人之间产生联系的概率增大，以及生活压力和紧张程度增加，人口密度大于一定的阈值时，个体产生危机感的概率将增加，面对造成危机的竞争对手，个体会出现两种状况：其一是个体潜能被激发，不断进步，从而在竞争中处于优势地位；其二是产生恐惧心理，心理处于压抑状态而不能释放时，个体常常先搁置问题，在此过程中压力不断增大，从而产生自卑、焦虑等心理疾病(陈宇飞，2017)。

失业率回归系数的数值从东南沿海地区至西北地区逐渐从负值过渡到正值，层次鲜明，地区差异明显[图 5-9(d)]。这反映了不同地区在经济发展水平、产

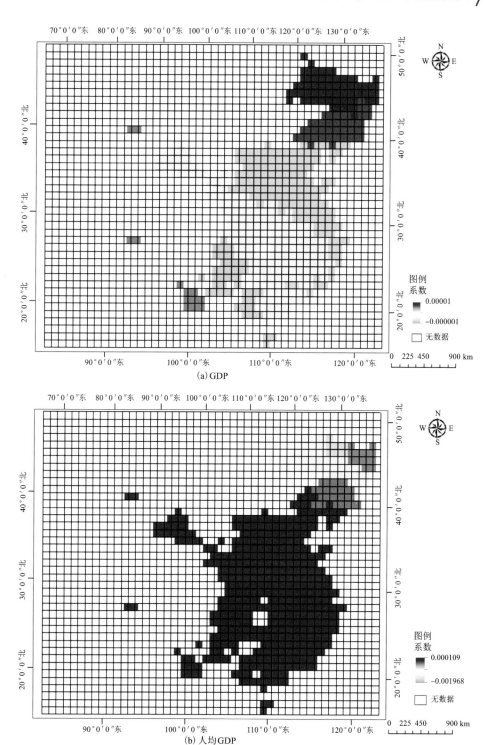

(a) GDP

(b) 人均 GDP

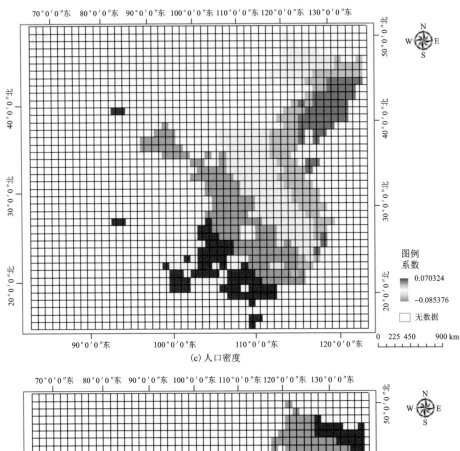

(c) 人口密度

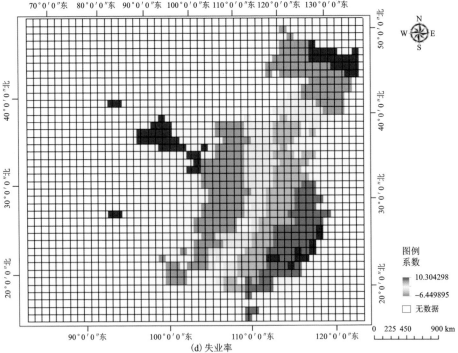

(d) 失业率

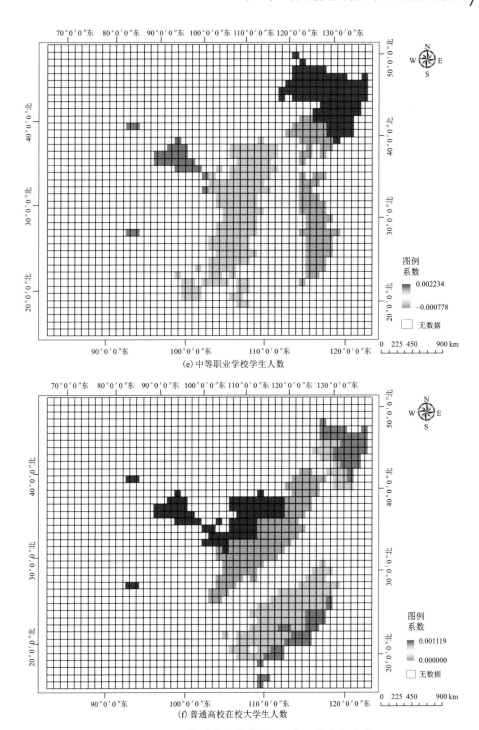

(e) 中等职业学校学生人数

(f) 普通高校在校大学生人数

图 5-9　GWR 模型宏观关联因子回归系数空间分布

业结构、劳动力市场供需状况、区域政策、人口流动和教育水平等方面的显著差异。负值区域主要集中于海南、广东、福建、浙江等省份，这些区域的失业率与自卑情绪呈较弱的负相关关系。一个可能的原因是这些地区经济发达，产业结构以制造业和服务业为主，劳动力需求旺盛，政策扶持力度大，吸引了大量外来务工人员和投资，创造了丰富的就业机会，使得失业率较低，因此回归系数为负值。此外，相对来说，年轻人在职场上的适应能力和心理承受能力都比较强，适当的失业会激发年轻人的奋斗激情，使他们更加专注和认真地对待新的工作。所以，失业率在适当范围内上升反而会降低自卑情绪产生的概率。正值最高的区域包括黑龙江、吉林、陕西、甘肃以及内蒙古的部分地区。这一结果表明，在大部分情况下，失业率与自卑情绪呈正相关关系。西部地区经济发展相对滞后，产业结构以资源型产业和农业为主，劳动力市场需求不足，投资环境较差，人口外流严重，教育资源相对匮乏，导致就业机会较少，失业率较高。此外，西部地区的经济压力和较少的社会支持资源使得人们更容易产生自卑情绪，因此回归系数为正值。近来的研究发现，西部地区的社会文化可能更注重集体主义和互助精神。因此，在面对失业等困境时，人们更倾向于寻求社区和家庭的支持，而非孤立地承受压力。这种集体意识可能有助于缓解个人因失业而产生的自卑情绪。但总体来说，失业仍给个人心理和生理上带来了巨大的压力，生理上时常出现失眠、心跳加速、食欲下降等症状；心理上最常见的表现为情绪低落、内疚自责，总是觉得自己不如别人，怀疑自己的能力，感到失望和悲观，看不到生活的希望。与事业有成的人相比，失业者难免产生自卑、焦躁、恐惧、不安等负面情绪，甚至逃避现实、厌恶社交、自我封闭。

中等职业教育学校指以职业技能培训、提升劳动力就业水平为主的学校，是我国特色办学模式的产物(雷洪梅，2014)。目前，中等职业教育学校的学生主要来源于没考上普通高中的落榜初中毕业生。如图 5-9(e)所示，中等职业教育学校学生人数回归系数从西部到东部逐渐由负值转为正值，且回归系数增加较快，这反映了不同地区在教育资源、经济发展水平、社会认同和就业机会等方面的显著差异。相较于东部地区，我国西部地区经济发展相对滞后。然而，首先，随着国家对西部地区的扶持力度加大，西部地区经济逐渐发展，这就为中等职业教育学校学生提供了更多的就业机会和发展空间。因此，随着在校生人数的增加，学生可能感受到更多的发展机遇，从而减少了自卑情绪的产生(刘慧琼，2014)。其次，近年来，国家对西部地区教育资源的投入不断增加，中等职业教育学校的教学设施、师资力量和教学水平得到了显著提升。这种改善为学生提供了更好的学习环境和条件，有助于增强学生的自信心和成就感，从而减少自卑情绪。第三，随着社会的进步和人们对职业教育认识的提高，西部地区对中等职业教育的偏见和歧视逐渐减少，而东部地区对职业教育的认可度普遍提高，认为职业教育是培养高素质技能人才的重要途径。这种社会观念的转变和认可度的提高有助于提升学生的自我认同感和价值感，减少自卑情绪的产生。更重要的是，东部地区的信息获取渠道更加便捷和多元化，学生能够接触到更多关于职业教育和就业市场的信息。这种信息的丰富性有助于学生更加全面地了解自己和未来职业发展的可能性，增强自信心，提高应对挑战的能力。此外，东部地区的中等职业教育学校通常更加注重学生的心理健康教育和支持工作，学校会提供专业的心理咨询和辅导服务，帮助学生解决心理困扰和问题，从而减少自卑情绪的发生。

普通高校在校大学生人数的回归系数空间分析如图 5-9(f)所示。由图可知，回归系数在数值上由东南沿海至西北内陆呈递增趋势，具有明显的空间分异性。回归系数最高的区域分布在甘肃、内蒙古中部、陕西西北部、四川、云南部分地区，并且回归系数均为正值。其原因是，首先，在经济方面，东南沿海地区经济相对发达，就业机会多，学生家庭经济条件普遍较好，这种经济优势为学生提供了更多的发展机会和物质保障，有助于减轻学生的经济压力和心理负担，相比之下，西北内陆地区经济发展相对滞后，就业机会有限，学生家庭经济条件可能较为困难，这增加了学生的经济压力和心理负担，进而可能引发或加剧学生的自卑情绪。其次，在教育资源方面(蒙家宏，2005)，东南沿海地区的教育投入较大，学校的教学设施、师资力量等教育资源相对丰富，这种优质的教育资源为学生提供了更好的学习环境和条件，有助于提升学生的自信心和成就感，而西北内陆地区的教育资源可能相对匮乏，学生在学习和生活中可能面临更多挑战和困难，更容易产生自卑情绪。再次，在教育理念方面，东南沿海地区的教育理念更加先进和开放，注重培养学生的综合素质和实践能力，这种教育理念有助于学生形成积极、乐观的心态和正确的自我认知，而西北内陆地区可能受应试教育的影响较深，过分强调考试成绩和升学率，忽视了学生的心理健康和个性发展，从而加剧了学生的自卑情绪。此外，在社会文化环境方面，东南沿海地区对职业教育的认可度较高，对大学生的评价更为多元和包容。西北内陆地区可能对大学生存在过高期望或偏见，认为大学生应该具备更高的能力和素质。最后，在个体心理因素方面(韩丕国，2014)，东南沿海地区的学生可能会更加自信、乐观地看待自己的未来发展，而西北内陆地区的学生可能由于经济、教育等方面的限制而对自己的能力和潜力存在怀疑和不安，进而产生自卑情绪，在面对学业、就业等方面的压力时，不同地区的学生可能采取不同的应对方式，东南沿海地区的学生可能更加积极、主动地寻求解决问题的方法和途径，而西北内陆地区的学生可能由于资源有限、信息闭塞等而采取消极、被动的应对方式，进而加剧自卑情绪的产生。

5.5.3.3.4　区位关联因子在城市内部的分异特征

在微观层面，本研究主要通过地理加权模型计算自卑情绪与各类 POI 城市之间的关系，揭示自卑情绪在城市内部的分异特征。以武汉为例，在 1000 m 距离阈值内，选取重要性较高的 4 个关联因子，探讨自卑情绪在城市内部的分异特征，回归系数空间分布如图 5-10 所示。从图 5-10 中可以看出，武汉市的自卑情绪社交媒体数据主要分布于武汉主城区，包括武昌区、洪山区、汉阳区、硚口区、东西湖区、蔡甸区、青山区以及江夏区的部分区域。

购物服务的回归系数空间分布[图 5-10(a)]，在 1000 m 距离阈值内，自卑情绪在数值上由西北至东南呈正负交替出现的态势，正值呈"三段式"分布，空间分异特征明显。正值区域由北向南主要分布于江岸区、武昌区以及洪山区。值得注意的是，江岸区的部分区域以及洪山区的部分区域回归系数为正值。其中，江岸区的正值区域分布着大量高级购物商场，而洪山区的正值区域分布着好几所大学。过往的研究表明，当人们置身于摆放着琳琅满目的高档商品甚至奢侈品的购物广场时，由于自身的购买能力或其他原因，会产生心理落差，从而产生自卑情绪。大学聚集区是大学生人群聚集的区域，购物服务与经济条件紧密相连，经济条件对大学生自卑感的产生有显著影响（黄倩等，2018）。对于大多数大学生而言，大学往往是他们第一次离开家，摆脱父母管教的阶段，父母每月或每年都会给生活费，大学生有了一定的经济自由和自由支配的时间，对于购物有了一定的自主权。但受经济条件所限，个人需求往往得不到满足，由此产生的落差和内心不良情绪找不到宣泄途径时，就容易产生自卑情绪。

科教文化服务类 POI 包括科教文化场所、博物馆、图书馆、科技馆、高等院校、中学、小学、职业技术学校、科研机构等，其回归系数空间分布如图 5-10(b)所示。从图 5-10(b)中不难看出，科教文化服务类 POI 与自卑情绪的相关系数以正值为主，科教文化类设施与自卑情绪呈正相关关系。从数值上看，正值最大的区域（红色区域）在东西湖区和洪山区。其中，东西湖的红色区域分布着两所中学和一所小学，而洪山区的红色区域主要为武汉大学，这表明学生群体是自卑情绪高发人群。对于小学生来说，自卑的原因主要来自家庭、学校和自身。在家庭方面，小学生更容易受到家庭中不良因素的影响，比如家庭结构不合理、父母教育方式不正确等。在学校方面，小学生屡次达不到老师的要求就会产生自卑情绪。另外，少数教师存在错误的教学观念，更加关注成绩好的学生，这会使成绩不突出的学生产生自卑感。在自身方面，性格缺陷、自我评价过低等因素也是造成小学生自卑的原因（王仲刚，2013）。与小学生相比，中学生正处于青春期，但心智尚未成熟，加之现在的中学生大多是独生子女，从小受到溺爱，社会适应能力相对较差，而且中学生大都面临着中考或高考的压力，焦虑现象比较普遍，学习或生活上遇到挫折是他们产生自卑感的主要原因（陈丽莉和李海平，2010）。

公司企业的回归系数[图 5-10(c)]在数值上从北到南呈现正负交替的态势。负值区域分布于江岸区、武昌区、洪山区的部分宾馆酒店聚集区域。这些区域有相当数量的娱乐休闲设施，工作之余，人们到这些地方可以适当地放松，促进负

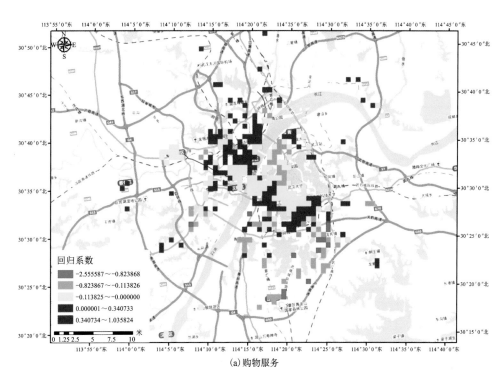

(a) 购物服务

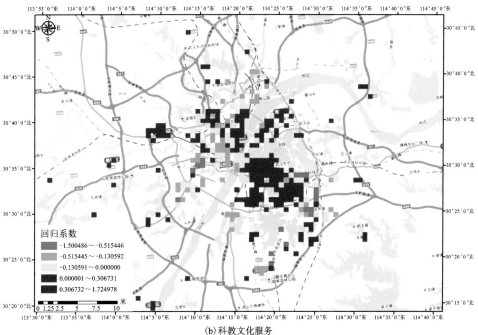

(b) 科教文化服务

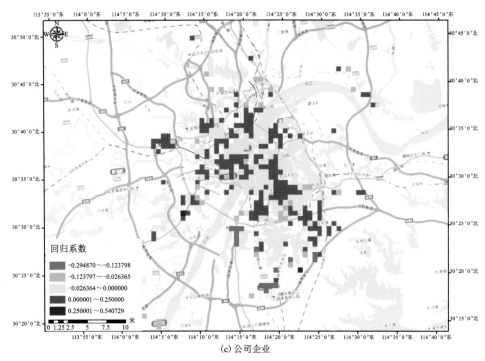

(c) 公司企业

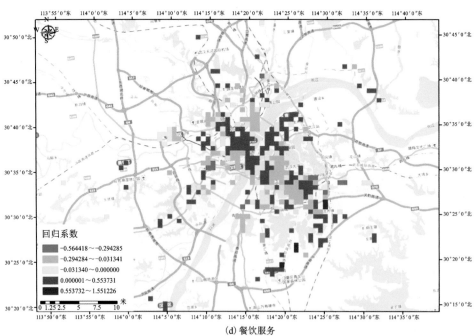

(d) 餐饮服务

图 5-10 GWR 模型微观关联因子回归系数空间分布

面情绪的调节。正值区域分布于汉阳的商业区以及东湖西南和南部的大学聚集区域。商业聚集区竞争压力非常大，而竞争压力有正向作用也有负向作用，一定的压力能激发个人的潜能，促进个体的进步，但当压力超过某个阈值时，个体可能不堪重负，进而出现一系列心理问题。有报道指出，焦虑、自卑、抑郁是职场中最常见的心理问题，且女性比例比男性比例高。大学聚集区分布着相当多的学生群体，对于很多在校大学生来说，大学是人生中最后的有系统时间学习的阶段，也是进入社会的准备阶段，他们面临着社会角色的转变和就业的压力。随着经济全球化的深入，我国在国际市场面临愈加激烈的竞争压力，人才成为核心竞争力，实施人才战略是我国长期坚持的基本国策，近些年来的高校扩招一定程度上缓解了我国人才紧缺的状况，但随之而来的是持续增加的毕业生人数，高校密集区域更是如此，就业压力空前紧张，能找到满意工作的人少之又少，过大的就业压力给毕业生带来了不同程度的自卑感（甘露，2010；黄鸿，2015）。

餐饮服务的回归系数从数值上看，正值区域主要集中于江岸区、汉阳区及武昌靠长江的狭长带状区域［图 5-10（d）］。一方面，这些区域作为高档餐饮娱乐场所的集中地，消费水平普遍较高。居住或频繁到访这些区域的人群可能在经济上感受到较大压力，特别是当他们的经济状况无法支撑频繁的高消费时，容易引发自卑情绪。另一方面，这些区域也是武汉市的重要人口密集区，人口多样性较高。不同社会背景和经济状况的个体在这些区域中交织生活，可能加剧了社交比较和心理落差的程度。相应地，负值区域主要集中于武昌和洪山的大学密集区。在大学密集区，大学生主要与同龄人交往，形成了一个相对同质性的社交圈。在这个圈子中，大家的经济状况和消费水平相对接近，减少了社交比较和心理落差的可能性。同时，大学生群体更多关注学业和个人成长，而非外在的物质享受，他们可能将更多精力投入学习和自我提升，而非在高档餐饮服务设施上进行攀比和炫耀。此外，大学校园通常具有积极向上的文化氛围，鼓励学生追求知识、探索未知，这种文化氛围有助于培养学生正确的价值观和人生观，减少自卑情绪的产生。再者，大学生群体主要依赖家庭支持，个人经济压力相对较小，且他们通常具有更加理性和节制的消费观念，更注重性价比和实际需求，而非盲目追求高档消费。这种消费观念使得他们不太容易受到高档餐饮服务设施的影响，从而减少了自卑情绪的产生。

综上所述，在研究区域的各个地带，地理加权模型中各关联因子对于自卑情绪有一定的影响，这种影响也存在一定的空间差异性和非平稳性。同一种关联因子对因变量的影响在空间上既有正向作用又有负向作用。高校聚集区域的自卑情绪与科教文化服务和公司企业影响因素呈正相关关系，与餐饮相关服务呈负相关关系。自卑情绪与购物服务和公司企业城市内部商业区有明显的正相关关系，与学校聚集区呈明显的负相关关系。对关联因子进行回归系数统计分析，有助于进一步了解关联因子在空间方向上的差异性，并证明地物要素的空间分布差异对自卑情绪有显著影响。

5.5.3.4 关联因子交互作用及显著性分析

利用地理加权模型探测关联因子时，仅限于各因素单独作用。地理探测器的交互作用探测器可用于探测关联因子相互作用的影响，并确定两个因子的影响是否独立。通过地理探测器的探测结果发现，关联因子之间的交互关系是双因子增强或非线性增强。同时，我们计算了关联因子交互作用和独立作用对因变量影响的 q 值。表 5-15 为关联因子交互作用结果一，展示了 GDP 总量、人均 GDP、人口密度、失业率、在校大学生数量、中等职业教育学校学生数量之间的交互关系。结果表明，GDP 总量与人均 GDP、人口密度、失业率、在校大学生数量、中等职业教育学校学生数量的交互作用均为双因子增强，说明 GDP 总量与上述关联因子交互后的作用力大于上述因子(人均 GDP、人口密度、失业率、在校大学生数量、中等职业教育学校学生数量)独立作用的最大力。人均 GDP 与人口密度、失业率、中等职业教育学校学生数量的交互关系均为非线性增强，表明人口密度、失业率、中等职业教育学校学生数量与人均 GDP 交互后的作用力要强于各因子作用力之和。虽然 GDP 总量和人均 GDP 同为经济因素，但人均 GDP 与人口密度、失业率、中等职业教育学校学生数量交互后都为非线性增强。所以，相较于 GDP 总量关联因子，人均 GDP 关联因子对自卑情绪的刺激没有 GDP 总量关联因子敏感。导致该结果的一个可能原因是，人均 GDP 的计算受到多方面因素的制约，很难周全地考虑区域内部人群的差异性(李勇泉和张雪婷，2018)，比如在贫富差距不大的情况下，即使人均 GDP 很低，区域内部人群的自卑情绪浓度也不会太高；反之，如果贫富差距较大，即使人均 GDP 很高，该区域内部人群的自卑情绪浓度相较于贫富差距不大的地区也较高。因此，人均 GDP 关联因子对自卑情绪浓度的作用力不如 GDP 总量关联因子。人口密度与失业率、在校大学生数量、中等职业教育学校学生数量的交互关系为双因子增强。失业率与在校大学生数量、中等职业教育学校学生数量的交互关系为非线性增强。

表 5-15 关联因子交互作用结果一

类型	结果	交互关系
GDP 总量∩人均 GDP		双因子增强
GDP 总量∩人口密度		双因子增强
GDP 总量∩失业率		双因子增强

续表5-15

类型	结果	交互关系
GDP 总量∩在校大学生数量		双因子增强
GDP 总量∩中等职业教育学校学生数量		双因子增强
人均 GDP∩人口密度		非线性增强
人均 GDP∩失业率		非线性增强
人均 GDP∩在校大学生数量		双因子增强
人均 GDP∩中等职业教育学校学生数量		非线性增强
人口密度∩失业率		双因子增强
人口密度∩在校大学生数量		双因子增强
人口密度∩中等职业教育学校学生数量		双因子增强
失业率∩在校大学生数量		非线性增强
失业率∩中等职业教育学校学生数量		非线性增强

表5-16为关联因子交互作用结果二,结果显示,金融保险服务、购物服务、公司企业、科教文化服务,与体育休闲服务、风景名胜、购物服务、住宿服务、公司企业、汽车服务、医疗保健服务、科教文化服务、生活服务、餐饮服务的交互作用均为双因子增强,说明解释力(LMG 值)最强的 4 个关联因子(金融保险服务、购物服务、公司企业、科教文化服务)与其余关联因子交互后的作用力大于 GDP总量分别与人均 GDP、人口密度、失业率、在校大学生数量、中等职业教育学校学生数量独立作用的最大作用力。

表 5-16　关联因子交互作用结果二

类型	结果	交互关系
金融保险服务∩体育休闲服务		双因子增强
金融保险服务∩风景名胜		双因子增强
金融保险服务∩购物服务		双因子增强

续表5-16

类型	结果	交互关系
金融保险服务∩住宿服务		双因子增强
金融保险服务∩公司企业		双因子增强
金融保险服务∩汽车服务		双因子增强
金融保险服务∩医疗保健服务		双因子增强
金融保险服务∩科教文化服务		双因子增强
金融保险服务∩餐饮服务		双因子增强
购物服务∩体育休闲服务		双因子增强
购物服务∩风景名胜		双因子增强
购物服务∩住宿服务		双因子增强
购物服务∩公司企业		双因子增强
购物服务∩汽车服务		双因子增强
购物服务∩医疗保健服务		双因子增强
购物服务∩科教文化服务		双因子增强
购物服务∩餐饮服务		双因子增强
公司企业∩餐饮服务		双因子增强
公司企业∩体育休闲服务		双因子增强
公司企业∩风景名胜		双因子增强
公司企业∩科教文化服务		双因子增强
公司企业∩住宿服务		双因子增强
公司企业∩汽车服务		双因子增强
公司企业∩医疗保健服务		双因子增强

续表5-16

类型	结果	交互关系
科教文化服务∩体育休闲服务		双因子增强
科教文化服务∩风景名胜		双因子增强
科教文化服务∩住宿服务		双因子增强
科教文化服务∩汽车服务		双因子增强
医疗保健服务∩科教文化服务		双因子增强
科教文化服务∩餐饮服务		双因子增强

通过上述分析可知，与关联因子的单独作用相比，无论在宏观层面还是微观层面，不同关联因子的交互作用对自卑情绪的影响均比单一因子的影响更大。因此，有必要通过关联因子交互作用探测自卑情绪关联因子，这是我们工作中一个独特的发现。同时，这也说明自卑情绪空间格局在宏观层面是经济、社会等共同作用的结果；在微观层面，关联因子的交互作用分析证明了金融保险服务、购物服务、公司企业、科教文化服务是解释能力最强的 4 个关联因子，自卑情绪在城市内部与各类 POI 有着紧密的关联。

5.6　本章小结

自卑情绪的关联因子具有一定的空间异质性，地理加权回归模型拥有良好的空间信息表达功能，能够有效模拟和揭示关联因子空间异质性特征。在对全国范围内的社交媒体自卑情绪数据的时空差异特征及空间相关性进行分析的基础之上，利用 LMG 评估各关联因子的重要性，运用地理加权回归模型分析自卑情绪关联因子及空间分布情况，并借助地理探测器分析各个关联因子的交互作用，有助于我们了解外界因素对自卑情绪的影响程度及空间差异，进而为有关部门和组织制定治疗方案提供参考。选取关联因子时，从宏观和微观两个层面考虑。在宏观层面，从地区经济、社会、在校学生数量 3 个维度选取 8 个关联因子；在微观层面，计算签到数据一定距离阈值（本研究分为 1000 m、2000 m、5000 m）内各类 POI 的数量及至各类 POI 的最小距离，并将其作为关联因子（共涉及 45 类第三级 POI）。

LMG 关联因子重要性分析结果显示，在宏观层面，GDP 总量和普通高等学校在校学生数量是对自卑情绪影响最大的两个关联因子；在微观层面上，金融保险服务、购物服务、公司企业、科教文化服务是对自卑情绪影响较大的 4 个关联因子。地理加权回归结果表明，不同关联因子对自卑情绪的影响均表现出一定程度的方向异质性与空间差异性。同一种关联因子对因变量的影响在空间上既有正向作用又有负向作用。在宏观层面，经济因素仍然是影响自卑情绪空间差异的重要因素，其对自卑情绪的影响较其他关联因子显著；在微观层面，高校聚集区域的自卑情绪与科教文化服务和公司企业影响因素呈正相关关系，与餐饮相关服务呈负相关关系。自卑情绪与购物服务和公司企业城市内部商业区有明显的正相关关系，与学校聚集区呈明显的负相关关系。通过关联因子交互作用分析可知，GDP总量是对自卑情绪影响力显著的单一关联因子。同时，GDP 总量关联因子与在校大学生数量关联因子的组合是对自卑情绪影响最大的关联因子组合。金融保险服务、购物服务、公司企业、科教文化服务与其余微观层面关联因子的组合都呈双因子增强趋势，这也证明了这些因子是自卑情绪影响力最强的关联因子。目前，对于自卑情绪影响因子空间异质性的探讨缺少完善的理论框架及体系架构，在尺度的确定、关联因子的选择以及数据空间化等方面仍需进行更为深入的研究。

第 6 章 /

总结与展望

6.1　本书总结

本书从社交媒体的视角，探讨了自卑情绪所呈现的语义特征和时空演化模式。本书的研究方法可为相关部门或组织机构提供一个识别自卑个体和了解自卑原因的相对低成本的方式，本书的发现有助于相关机构和组织了解并制定针对性的个性化治疗方案，从而帮助潜在的自卑个体。

首先，本书从过往发表的论文出发，运用科学计量学和可视化方法，分别从宏观和微观层面对过往社交媒体与健康医疗、自卑相关研究做了详细的可视化分析，系统地阐述了前人的相关研究工作，并对当前研究中亟待解决的问题进行了分析，为本书针对社交媒体中自卑情绪的相关研究工作提供了现实可靠的研究依据。

然后，本书结合社交媒体数据自身的特点，构建了基于社交媒体数据的自卑情绪语义模型，并将该模型应用于自卑情绪语义基元识别研究。通过阈值聚类方法，实现了语义基元的同义聚类，在此基础上，结合专家支持的编码结果，使用基于语料知识库关联的语义基元提取算法，提取了代表自卑的语义基元，运用 t-SNE 算法实现了语义基元的降维可视化，在细粒度的语义层面探讨了自卑原因的语义特征。为了进一步分析自卑情绪语义特征，本书引入 GIS 空间分析思想，提出了基于降维后的语义基元构建泰森多边形，以面状的形式表达语义模糊性，并以时间为标度，对语义空间进行二元划分的方法。此外，本书利用地理空间统计中的空间自相关方法，分析了代表各种自卑原因的语义基元受关注度在自卑情绪语义空间中的演化模式。

最后，本书利用数据中的位置信息，探讨了自卑情绪空间演化模式，在综合考虑经济、社会、教育及城市内部各种 POI 等因素的基础上，利用尺度推演、空间数据网格化等方法,实现了以上因素在空间单元的关联表达。通过地理加权回归模型探究了经济、社会及教育等因素对自卑情绪的影响,并基于空间网格单元探究了自卑情绪的城市内部时空分异性和演化模式。

本书通过研究讨论和实验分析,得到如下几个主要结论:

(1)将社交媒体应用于健康医疗研究是一项高度跨学科性的研究,有相当多的国家参与其中,国际合作日益紧密,同时这也是一个高速发展的研究领域。相比之下,自卑相关研究在发文量、涉及学科、国际合作等方面都较少。自卑和抑郁、焦虑等有很强的相关性。随着心理健康问题受到社会广泛关注,运用社交媒体进行心理健康相关研究开始受到重视,近年来的研究证明,使用社交媒体进行心理健康研究可行且必要,进而证明了本研究的可行性和必要性。

(2)在构建自卑情绪语义模型的基础上,运用基于语料知识库关联的语义基元提取算法,结合专家支持的编码结果,在更细粒度的语义层面对自卑情绪进行了分析,发现了以前的研究中少有发现的自卑原因。结果显示,自卑情绪主要来源于爱情、家庭、个性、经历、社交、能力、学习等方面。通过多层面的可视化分析发现,在家庭原因造成的自卑中,全职太太与婆婆语义距离较近;在学校原因产生的自卑中,博士与专业、毕业的语义距离较近。这表明婆媳关系是全职太太自卑的重要原因,而专业与毕业问题是博士群体自卑的重要原因,这在以前的相关研究中很少被提及。

(3)通过二元划分的方法发现了"持续火热""冷点""新兴热点"和"休眠"4 种自卑情绪语义基元类型。通过语义空间自相关分析方法发现了具有带动或抑制特性的语义基元(通过语义空间自相关分析发现某些语义基元出现频次的增加或降低可以带动或抑制相关语义基元的受关注度)。结果表明,二元划分方法能很好地刻画代表不同自卑原因的语义基元的受关注状态。语义空间自相关分析方法很好地展现了自卑情绪语义基元的关联程度和演化规律。二元划分方法有助于相关研究人员在研究设计阶段了解相关的风险,从而制定合理的计划。空间自相关分析方法为探索语义基元出现频次与语义基元语义的自相关关系提供了理论框架和新的视角。

(4)通过时空演化模式分析,发现了自卑情绪的空间演化特征和分布规律。通过基于地理加权回归模型的关联因子分析,发现了经济、社会及教育等因素与自卑情绪的关联关系。基于空间网格单元,发现了自卑情绪在城市内部的时空分异性和演化模式。结果表明,自卑情绪在空间上存在明显的聚集特征,东部地区高浓度情绪较为集中,呈明显带状分布,并且一线城市是自卑情绪浓度最高的地区。GDP 总量是对自卑情绪影响最大的单一关联因子,并且 GDP 总量关联因子与在校大学生数量关联因子的交互作用对自卑情绪影响最大。在城市内部,金融保险服务、购物服务、公司企业、科教文化服务是对自卑情绪影响较大的因子。

6.2　研究展望

社交媒体平台具有开放性和匿名性的特点，因此常被人们用于抒发情感或与人交流，疾病患者也常用其与病友交流患病经历或分享心得。近年来，随着社交媒体的快速发展，社交媒体数据正在以爆炸式的方式增长，这为研究者们利用社交媒体数据进行相关分析研究提供了数据基础。近年来，社交媒体数据开始被应用于心理问题如焦虑、抑郁等的研究。此外，运用社交媒体分析自卑相关问题也开始被探讨。社交媒体数据的异构性及表达模糊性，给信息的识别、挖掘和检索带来了诸多困难。随着深度学习、AI 等技术的不断发展，相关研究无论分析手段还是挖掘方法都不断取得进步。本书试图利用社交媒体数据发现自卑情绪的语义特征及时空演化模式。同时本书也是一项探索性研究，主要在基于主题背景知识语料库提取最具代表性的自卑情绪语义基元，将自卑情绪语义空间演化分析方法以及 GIS 空间分析方法应用于自卑情绪语义空间相关性分析等问题上进行了探索，并取得了一定的成果。但仍有许多问题需要进一步完善和深入的探讨。

首先，本书在构建停止词库时，仍然是基于通用的停止词库，本质上是对现有知识的融合。然而对社交媒体而言，其拥有独有的语言环境，并且数据每时每刻都在增加，只对通用的停止词表进行人工修改和补充并不能满足要求。同时，本书在进行分词处理时，使用的是通用的分词包，在针对本书爬取的社交媒体数据进行分词的过程中，存在分词结果不准确、分词精度不够高等问题。如何在知识的层面，自动识别并实时更新停止词和分词包，构建针对社交媒体数据的停止词库和分词包，以提高语言处理的准确性和完整性，还需要深入研究。

其次，在语义基元提取过程中，本书根据经验，将相似性阈值设定为 0.90，这种做法虽然较充分地顾及了语义相似性，但缺乏定量的理论支持。另外，在对语义基元进行可视化分析时，本书使用了降维的方法，这种做法虽然可以在二维平面上直观地展示语义基元的相关性，但不可避免地会造成信息的丢失，后续的研究中需要更多地考虑降维算法，尽可能减少信息的丢失。

最后，本研究在对自卑情绪进行关联因子和时空演化模式分析时，使用的签到数据是一种粗粒度的时空数据，采样率低，具有一定的稀疏性，限制了本书对自卑情绪个体的运动模式的探讨。而且本书受到数据可获取性及主观因素的影响，在关联因子的选择、尺度的划分、结果分级标准的制定等方面不够严谨，有待进一步研究。

展望未来，大数据时代给健康科学带来的变化比我们想象的要大很多。随着云计算和智能可穿戴设备(如智能手机、智能手表等)的发展，未来的研究可将通过智能可穿戴设备采集的心理或生理症状(如运动、心脏信号等)数据与社交媒体结合起来，从而提高相关研究的实时性和可靠性。

参考文献

曹卫峰，2009. 中文分词关键技术研究[D]. 南京：南京理工大学.

陈丽莉，李海平，2010. 中学生自卑心理的成因及解决措施[J]. 职业(2)：106.

陈宇飞，2017，人口密度对心理疾病的影响[J]. 保健文汇(6)：228.

冯丽，2012. "语义基元"解析[J]. 学习月刊(20)：89-90.

甘露，2010. 就业压力背景下高校毕业生自卑心理及其应对策略[J]. 四川省干部函授学院学报(2)：75-77.

郭华东，2018. 科学大数据——国家大数据战略的基石[J]. 中国科学院院刊，33(8)：768-773.

韩丕国，2006. 大学生的自卑心理[D]. 桂林：广西师范大学.

韩丕国，2014. 大学生自卑心理：基于社会比较的研究[J]. 中国成人教育(12)：122-124.

胡凯，2017. 基于语义计算的领域研究热点挖掘与预测——以自然灾害研究为例[D]. 武汉：武汉大学.

胡雪芸，何宗宜，苗静，2015. 疾病数据的时空聚集分析及可视化[J]. 测绘通报(11)：106-111.

黄鸿，2015. 大学生心理弹性与自卑心理关系研究[D]. 南充：西华师范大学.

黄倩，潘晓阳，陈练，2018. 大学生自卑心理现状调查与分析——以贵州师范大学为案例[J]. 现代交际(13)：29-30.

黄祥，2017. GIS 技术应用于大学生心理区域性分布分析研究[J]. 西南交通大学学报(社会科学版)，18(4)：70-74.

贾孝霞，伍立志，沈其君，2014. 线性回归中自变量重要性估计的平均秩序方差分解法[J]. 中国卫生统计，31(3)：535-537.

结巴分词，2016. "结巴"分词种词性简介[EB/OL]. https：//blog. csdn. net/suibianshen2012/article/details/53487157

蒯希，2016. 跨语言地理信息本体映射机制研究与实验[D]. 武汉：武汉大学.

雷洪梅，2014. 中等职业教育学校学生如何克服自卑心理[J]. 科技创新导报(3)：226.

李超，2017. 基于深度学习的短文本分类及信息抽取研究[D]. 郑州：郑州大学.

李淮春，杨耕，1995.《辩证唯物主义和历史唯物主义原理》第四版的基本思路和说明[J]. 教学与研究(2)：27-34.

李静月，张肖梅，黄富贵，等，2017. 博士生"毕业难"现象分析及对策研究[J]. 集美大学学报（教育科学版），18(6)：50-57.

李炯英，2006. 从语义基元的视角比较 Wierzbicka 与 Jackendoff 的语义学理论——波兰语义学派研究之三[J]. 外语教学(5)：16-18.

李良炎，2004. 基于词联接的自然语言处理技术及其应用研究[D]. 重庆：重庆大学.

李锐，张谦，刘嘉勇，2017. 基于加权 word2vec 的微博情感分析[J]. 通信技术，50(3)：502-506.

李小文，曹春香，常超一，2007. 地理学第一定律与时空邻近度的提出[J]. 自然杂志(2)：69-71.

李跃鹏，金翠，及俊川，2015. 基于 word2vec 的关键词提取算法[J]. 科研信息化技术与应用(4)：54-59.

梁喜涛，顾磊，2015. 中文分词与词性标注研究[J]. 计算机技术与发展(2)：175-180.

刘慧琼，2014. 中等职业教育学校学生心理特点研究综述[J]. 职教通讯(28)：22-25.

刘文，廖炳华，廖文武，2016. 我国博士生延期毕业实证研究[J]. 现代教育科学(8)：1-8.

流苏，2003. 自卑，让我无法承受爱情[J]. 中国健康月刊(8)：46-47.

吴黎，李细归，马丽娜，等，2018. 中国竞技体育发展的区域差异研究[J]. 经济地理，38(1)：52-60.

蒙家宏，2005. 大学生自卑心理研究[D]. 重庆：西南师范大学.

秦春秀，祝婷，赵捧未，等，2014. 自然语言语义分析研究进展[J]. 图书情报工作，58(22)：130-137.

沈航，李霖，朱海红，等，2016. 一种基于 WordNet 的跨语言地理本体匹配方法[J]. 地理信息世界，23(2)：48-54.

孙红卫，王玖，罗文海，2012. 线性回归模型中自变量相对重要性的衡量[J]. 中国卫生统计(6)：900-902.

王凯，2016. 女人腰部有点肉可降低骨折危险[N]. 中国妇女报.

王威，2015. 基于统计学习的中文分词方法的研究[D]. 沈阳：东北大学.

王仲刚，2013. 亦谈小学生自卑心理形成的原因及其教育策略[J]. 科技信息(2)：361-362.

吴俊，翁义明，2008. 独立学院英语专业学生的焦虑因素研究[J]. 吉林师范大学学报（人文社会科学版）(1)：71-72.

杨立英，周秋菊，岳婷，2007. "科学前沿领域"挖掘的文献计量学方法研究[DB/OL]. http://www.chinalibs.net/ArticleInfo.aspx? id=263783.

杨柠蔚，2013. 浅析高校家庭经济困难学生自卑心理对个人行为的影响[J]. 科技致富向导(23)：95-95.

杨秀君，2014. 青少年挫折承受力的影响因素及提升方法[J]. 现代教学(C4)：97-99.

叶华奇，2011. 其实很爱你——一例自卑心理的案例报告[J]. 社会心理科学(7)：82-85.

张雷声，2007. 论马克思主义基本原理及其科学体系[J]. 教学与研究(8)：5-12.

张亮林，潘竟虎，赖建波，2019. 基于 GWR 降尺度的京津冀地区 PM2.5 质量浓度空间分布估算[J]. 环境科学学报, 39(3): 832-842.

张谦, 高章敏, 刘嘉勇, 2017. 基于 Word2vec 的微博短文本分类研究[J]. 信息网络安全(1): 57-62.

赵颖莹, 2017. 大学生心理压力、A 型人格、心理资本与心理压力反应的关系研究[D]. 福州: 福建师范大学.

郑文超, 徐鹏, 2013. 利用 word2vec 对中文词进行聚类的研究[J]. 软件, 34(12): 160-162.

周练, 2015. Word2vec 的工作原理及应用探究[J]. 科技情报开发与经济, 25(2): 145-148.

周亮, 周成虎, 杨帆, 等, 2017. 2000—2011 年中国 PM(2.5)时空演化特征及驱动因素解析[J]. 地理学报(11): 2079-2092.

ADLER A, 1931. The Science of Living [J]. British Journal of Educational Psychology (1): 115-115.

ADOLFO PAOLO M, ALKIVIADIS K, VICTOR MARTÍNEZ E, et al., 2011. Wikipedia information flow analysis reveals the scale-free architecture of the semantic space[J]. Plos One, 6: e17333.

ALVIOLI M, MARCHESINI I, REICHENBACH P, et al., 2016. Automatic delineation of geomorphological slope units withslopeunits v1. 0 and their optimization for landslide susceptibility modeling[J]. Geosci. Model Dev., 9: 3975-3991.

ANSBACHER H L, 1994. What life could mean to you −Adler, A[J]. Individual Psychology−the Journal of Adlerian Theory Research & Practice, 50: 125-126.

ANSELIN L, 1995. Local indicators of spatial association−Lisa[J]. Geographical Analysis, 27: 93-115.

ANTHEUNIS M L, TATES K, NIEBOER T E, 2013. Patients' and health professionals' use of social media in health care: motives, barriers and expectations [J]. Patient Education & Counseling, 92: 426-431.

BAGLATZI A, KUHN W, 2013. On the Formulation of Conceptual Spaces for Land Cover Classification Systems[J]. Lecture Notes in Geoinformation & Cartography, 2013: 173-188.

BENSON E D, HANSEN J L, JR A L S, et al., 1998. Pricing Residential Amenities: The Value of a View[J]. Journal of Real Estate Finance & Economics, 16: 55-73.

BERTIN M, ATANASSOVA I, SUGIMOTO C R, et al., 2016. The linguistic patterns and rhetorical structure of citation context: an approach using n-grams[J]. Scientometrics, 109: 1417-1434.

BHAGWAGAR Z, COWEN P J, 2008. 'It's not over when it's over': persistent neurobiological abnormalities in recovered depressed patients[J]. Psychological Medicine, 38: 307-313.

BONITZ M. 1996. The challenge ofscientometrics: The development, measurement and self − organization of scientific communications[J]. Scientometrics, 36: 271-272.

BRUNSDON C, FOTHERINGHAM A S, CHARLTON M E, 1996. Geographically weighted regression: A method for exploring spatialnonstationarity [J]. Geographical Analysis, 28: 281-298.

CHAO W, YE X, DU Q, et al., 2017. Spatial effects of accessibility to parks on housing prices in Shenzhen, China[J]. Habitat International, 63: 45-54.

CHEN C, LEYDESDORFF L, 2014. Patterns of connections and movements in dual-map overlays: A new method of publication portfolio analysis[J]. Journal of the American Society for Information Science & Technology, 65: 334-351.

CHEN G, XIAO L, 2016. Selecting publication keywords for domain analysis in bibliometrics: A comparison of three methods[J]. Journal ofInformetrics, 10: 212-223.

CHEN Y, CHEN C, HU Z, et al., 2014. Principles and Applications of Analyzing a Citation Space [M]. Beijing: Science Press.

CHEW C, EYSENBACH G, 2010. Pandemics in the age of twitter: content analysis of tweets during the 2009 H1N1 outbreak[J]. Plos One, 5: e14118.

CHOU W Y S, HUNT Y M, BECKJORD E B, et al., 2009. Social Media Use in the United States: Implications for Health Communication[J]. Journal of Medical Internet Research, 11: 12.

CONWAY M, O'CONNOR D, 2016. Social Media, Big Data, and Mental Health: Current Advances and Ethical Implications[J]. Current Opinion in Psychology, 9: 77-82.

CRUZ S C S, TEIXEIRA A A C, 2010. The Evolution of the Cluster Literature: Shedding Light on the Regional Studies-Regional Science Debate[J]. Regional Studies, 44: 1263-1288.

DELAUNAY M, VAN D W, H, GODARD V, et al., 2015. Use of GIS in visualization of work-related health problems[J]. Occupational Medicine, 65: 682-692.

EYSENBACH G, 2008. Medicine 2. 0: Social Networking, Collaboration, Participation, Apomediation, and Openness[J]. Journal of Medical Internet Research, 10: 10.

FAN C, MYINT S, 2014. A comparison of spatial autocorrelation indices and landscape metrics in measuring urban landscape fragmentation[J]. Landscape and Urban Planning, 121: 117-128.

FLETCHER-LARTEY S M, CAPRARELLI G, 2016. Application of GIS technology in public health: successes and challenges[J]. Parasitology, 143(4): 401-415.

FOODY G M, 2003. Geographical weighting as a further refinement to regression modelling: An example focused on the NDVI-rainfall relationship [J]. Remote Sensing of Environment, 88: 283-293.

FOTHERINGHAM A, BRUNSDON C, CHARLTON M, 2002. Geographically Weighted Regression: The Analysis of Spatially Varying Relationships[M]. Oxford: Taylor & Francis.

FRENKEN K, HARDEMAN S, HOEKMAN J, 2009. Spatialscientometrics: Towards a cumulative research program[J]. Journal of Informetrics, 3: 222-232.

FU P, 2010. Web GIS: principles and applications[M]. Redlands: Esri Press.

GETIS A, ORD J K, 2008. The Analysis of Spatial Association by Use of Distance Statistics[M]// Advances in Spatial Science. Berlin, Heidelberg, 127-145.

GETIS, ORD J K, 2010. Perspectives on Spatial Data Analysis [M]. Heidelberg: Springer, 127-145.

GILBERT P, CLARKE M, HEMPEL S, et al., 2004. Criticizing and reassuring oneself: An exploration of forms, styles and reasons in female students [J]. British Journal of Clinical Psychology, 43: 31-50.

GILBERT P, PROCTER S, 2006. Compassionate mind training for people with high shame and self
-criticism: Overview and pilot study of a group therapy approach [J]. Clinical Psychology &
Psychotherapy, 13: 353-379.

GILBERT P, CLARKE M, HEMPEL S, et al. , 2011. Criticizing and reassuring oneself: An
exploration of forms, styles and reasons in female students [J]. British Journal of Clinical
Psychology, 43: 31-50.

GILBERT P, MCEWAN K, BELLEW R, et al. , 2009. The dark side of competition: How
competitivebehaviour and striving to avoid inferiority are linked to depression, anxiety, stress and
self-harm[J]. Psychology and Psychotherapy-Theory Research and Practice, 82: 123-136.

GILBERT P, PROCTER S, 2010. Compassionate mind training for people with high shame and
self-criticism: overview and pilot study of a group therapy approach[J]. Clinical Psychology &
Psychotherapy, 13: 353-379.

GINSBERG J, MOHEBBI M H, PATEL R S, et al. , 2009. Detecting influenza epidemics using
search engine query data[J]. Nature, 457: 1012-U1014.

GOLDBERG Y, LEVY O, 2014. word2vec Explained: derivingMikolov et al. 's negative-sampling
word-embedding method[EB/OL]. 1402. 3722. http://arxiv. org/abs/1402. 3722V1.

GOODCHILD M F, 2003. The fundamental laws ofGIScience [J]. Invited talk at University
Consortium for Geographic Information Science, University of California, Santa Barbara.

GOOVAERTS P, XIAO H, ADUNLIN G, et al. , 2015. Geographically-weighted regression analysis
of percentage of late-stage prostate cancer diagnosis in Florida[J]. Applied Geography, 62:
191-200.

GREYSEN S R, KIND T, CHRETIEN K C, 2010. Online Professionalism and the Mirror of
Social Media[J]. Journal of General Internal Medicine, 25: 1227-1229.

GRIEVE J, 2011. A regional analysis of contraction rate in written Standard American English
[J]. International Journal of Corpus Linguistics, 16(4): 514-546

HAWN C, 2009. Take Two AspirinAnd Tweet Me In The Morning: How Twitter, Facebook, And
Other Social Media Are Reshaping Health Care[J]. Health Affairs, 28: 361-368.

HO Y S, 2007. Bibliometric Analysis of Adsorption Technology in Environmental Science[J]. Journal
of Environmental Protection Science, 1.

HOOD WW, Wilson C S, 2001. The literature of bibliometrics, scientometrics, and informetrics
[J]. Scientometrics, 52(2): 291-314.

HORNEY K, 1950. Neurosis and human growth: the struggle toward self-realization[J]. Journal of
the American Medical Association, 145: 124-124.

HU K, QI K, YANG S, et al. , 2018a. Identifying the "Ghost City" of domain topics in a keyword
semantic space combining citations[J]. Scientometrics, 114(3): 1141-1157.

HU K, WU H, QI K, et al. , 2018b. A domain keyword analysis approach extending Term Frequency
-Keyword Active Index with Google Word2Vec model[J]. Scientometrics, 114(3): 1031-1068.

HUTCHINS J, 2006. Machine Translation: History[J]. Encyclopedia of Language & Linguistics:

375−383.

JANOWICZ K, 2012. Observation−Driven Geo−Ontology Engineering[J]. Transactions inGis, 16: 351−374.

JIANG B, ZHENG R, 2018. Geographic space as a living structure for predicting human activities using big data[J]. International Journal of Geographical Information Science: 1−16.

KAPLAN A M, Haenlein M, 2010. Users of the world, unite! The challenges and opportunities of Social Media[J]. Business Horizons, 53: 59−68.

KAUHL B, HEIL J, HOEBE C J P A, et al., 2017. Is the current pertussis incidence only the results of testing? A spatial and space−time analysis of pertussis surveillance data using cluster detection methods and geographically weighted regression modelling [J]. Plos One, 12 (3): e0172383.

KRUSKAL W, 1987a. Correction: Relative Importance by Averaging Over Orderings[J]. American Statistician, 41: 341−341.

KRUSKAL W, 1987b. Relative Importance by Averaging Over Orderings[J]. American Statistician, 41: 6−10.

KUAI X, LI L, LUO H, et al., 2016. Geospatial Information Categories Mapping in a Cross−lingual Environment: A Case Study of "Surface Water" Categories in Chinese and American Topographic Maps[J]. International Journal of Geo−Information, 5: 90.

KUHN W, 2001. Ontologies in support of activities in geographical space[J]. International Journal of Geographical Information Science, 15: 613−631.

KUHN W, 2002. Modeling the Semantics of Geographic Categories through Conceptual Integration [C]. International Conference on Geographic Information Science. Springer, Berlin, Heidelberg, 2002: 108−118.

KUHN W, RAUBAL M, 2003. Implementing semantic reference systems[J]. Agile: 63−72.

LAGU T, KAUFMAN E J, ASCH D A, et al., 2008. Content of Weblogs Written by Health Professionals[J]. Journal of General Internal Medicine, 23: 1642−1646.

LANGENDOEN D T, LYONS J, 1991. Natural Language and Universal Grammar[J]. Language, 69: 825.

LANORTE A, DANESE M, LASAPONARA R, et al., 2013. Multiscale mapping of burn area and severity usingmultisensor satellite data and spatial autocorrelation analysis[J]. International Journal of Applied Earth Observation and Geoinformation, 20: 42−51.

LARANJO L, ARGUEL A, Neves A L, et al., 2015. The influence of social networking sites on health behavior change: a systematic review and meta−analysis[J]. J Am Med Inform Assoc, 22: 243−256.

LI A, JIAO D, ZHU T, 2018. Detecting depression stigma on social media: A linguistic analysis [J]. Journal of Affective Disorders, 232: 358−362..

LI B, LIU B, LIU J, et al., 2015. The research progress review and prospect on Geo−ontology [J]. Science of Surveying and Mapping, 40: 53−57.

LI J, CHEN C. , 2016. CiteSpace: text mining and visualization in scientific literature[M]. Beijing, China: Capital University of Economics and Business press.

LI L, LIU Y, ZHU H, et al. , 2017. A bibliometric and visual analysis of global geo‐ontology research[J]. Computers & Geosciences, 99: 1–8.

LINDEMAN R H, 1980. Introduction to bivariate and multivariate analysis [R]. No. 04; QA278, L553.

LIU Z, YIN Y, LIU W, et al. , 2015. Visualizing the intellectual structure and evolution of innovation systems research: a bibliometric analysis[J]. Scientometrics, 103: 135–158.

MATUD M P, BETHENCOURT J M, 2000. Anxiety, depression and psychosomatic symptoms in a sample of housewives[J]. Revista Latinoamericana De Psicología, 32: 91–106.

ME F, AI K, IA B, 2006. A bibliometric analysis of global trends of research productivity in tropical medicine[J]. ActaTropica, 99: 155–159.

MIKOLOV T, SUTSKEVER I, CHEN K, et al. , 2013. Distributed Representations of Words and Phrases and their Compositionality[J]. Advances in Neural Information Processing Systems, 26: 3111–3119.

MOORHEAD S A, HAZLETT D E, HARRISON L, et al. , 2013. A New Dimension of Health Care: Systematic Review of the Uses, Benefits, and Limitations of Social Media for Health Communication [J]. Journal of Medical Internet Research, 15: 16.

MORITZ S, WERNER R, COLLANI G V, 2006. The inferiority complex in paranoia readdressed: A study with the Implicit Association Test[J]. Cognitive Neuropsychiatry, 11: 402–415.

NAKAYA T, FOTHERINGHAM A S, BRUNSDON C, et al. , 2005. Geographically weighted Poisson regression for disease association mapping [J]. Statistics in Medicine, 24: 2695–2717.

NEZHAD H H, AMIRABADI M R E, Nayebzadeh F, 2011. Mental Health Analysis Using GIS, Present and Future[M]//Behavioral, Cognitive and Psychological Sciences. Int Assoc Computer Science & Information Technology Press‐Iacsit Press, Singapore, 23: 82–86.

NORDBØ E C A, NORDH H, RAANAAS R K, et al. , 2018. GIS‐derived measures of the built environment determinants of mental health and activity participation in childhood and adolescence: A systematic review[J]. Landscape & Urban Planning, 177: 19–37.

RAAN A F J V, 1996. Advanced bibliometric methods as quantitative core of peerreview based evaluation and foresight exercises[J]. Scientometrics, 36: 397–420.

RF T, 1969. A geographic information system for regional planning [J]. Journal of Geography (Chigaku Zasshi), 78: 45–48.

RONG X, 2014. word2vec Parameter Learning Explained[J]. Computer Science.

SILVA E G, TEIXEIRA A A C, 2008. Surveying structural change: Seminal contributions and a bibliometric account[J]. Structural Change & Economic Dynamics, 19: 273–300.

SMIRNOV O A, 2016. Geographic space: an ancient story retold[J]. Transactions of the Institute of British Geographers, 41: 585–596.

TARKOWSKI S M, 2007. Environmental health research in Europe: bibliometric analysis [J].

European Journal of Public Health, 17(Suppl 1): 14-18.

THACKERAY R, 2012. Adoption and use of social media among public health departments[J]. BMC Public Health, 12: 242-242.

TIAN X, HE F, BATTERHAM P, et al., 2017. An Analysis of Anxiety-Related Postings on Sina Weibo[J]. International Journal of Environmental Research & Public Health, 14: 775.

TIAN X, YU G, HE F, 2016. An analysis of sleep complaints on Sina Weibo[J]. Computers in Human Behavior, 62: 230-235.

TOBLER W R, 1970. A Computer Movie Simulating Urban Growth in the Detroit Region[J]. Economic Geography, 46: 234-240.

UNWIN D, UNWIN A, 1998. Local indicators of spatial association-Foreword[J]. Journal of the Royal Statistical Society Series D-the Statistician, 47: 413-413.

VAN DER MAATEN L, HINTON G, 2008. Visualizing Data using t-SNE [J]. Journal of Machine Learning Research, 9: 2579-2605.

VANCE K, HOWE W, DELLAVALLE R P, 2009. Social internet sites as a source of public health information[J]. Dermatologic Clinics, 27: 133-136.

WALSAN R, PAI N B, DAWES K, 2016. The relationship between environment and mental health: How does geographic information systems (GIS) help? [J]. Australasian Psychiatry, 24 (3): 315.

WEI Y D, XIAO W Y, SIMON C A, et al., 2018. Neighborhood, race and educational inequality [J]. Cities, 73: 1-13.

WHELTON W J, GREENBERG L S, 2005. Emotion in self-criticism[J]. Personality and Individual Differences, 38: 1583-1595.

XIE S, ZHANG J, HO Y S, 2008. Assessment of world aerosol research trends by bibliometric analysis[J]. Scientometrics, 77: 113-130.

YANG T C, MATTHEWS S A, 2012. Understanding the non-stationary associations between distrust of the health care system, health conditions, and self-rated health in the elderly: A geographically weighted regression approach[J]. Health & Place, 18: 576-585.

YANG W, MU L, 2015. GIS analysis of depression among Twitter users[J]. Applied Geography, 60: 217-223.

YU C Y, XU M J, 2018. Local Variations in the Impacts of Built Environments on Traffic Safety [J]. Journal of Planning Education and Research, 38: 314-328.

ZHANG W, QIAN W, HO Y S, 2009. A bibliometric analysis of research related to ocean circulation [J]. Scientometrics, 80: 305-316.